犹太智慧典藏书系

傻瓜哲学

犹太大师的生命智慧

贺雄飞 著

世界知识出版社

“犹太智慧典藏书系”总序

人类一思索，上帝就发笑；人类不思索，上帝更发笑。

——作者手记

按照普遍的经验，人们对畅销书普遍推崇。某本书的销量一旦超过100万册，似乎就肯定了这本书的权威性和价值。然而，纵观人类的思想史和文学史，真理和经典常常不是按统计数字评定的。相反，众目睽睽之下，真理常常被贬抑和扭曲。从而使大众成为非常盲目的消费者，并降低了人类的创造力和追求完美的动力。犹太文学大师卡夫卡说：“假使一本书不能当头棒喝地敲醒我们，那读它有什么用？一本书该像一把碎冰斧，将人类冰封的心灵捣碎。”而犹太哲学家亚伯拉罕－海舍尔也说：“世界上还有什么东西可以跨越时空和距离，将人类联结在一起呢？只有文字是永远不会消失的。”《圣经》曾多次被人用火烧掉，但世界上的基督徒却越来越多。

现代文明已将人类的物质水平提高到前所未有的高度，但人类的幸福度增加了吗？我看未必，而且人类整体的道德水平和思想水平每况愈下。群体愈大，发展的速度愈快，生命的质量愈小。当罗马人造不出漂亮的建筑时，就把它建得很大。这种陋习沿袭至今，每个人的时间表上都排满了活动,简直是与马赛跑,但生活的质量和意义却没有提升。

有一名记者采访一位著名诗人："你是什么时候决定做一名诗人的呢？"诗人指出这个问题问得不对，他说："每个人天生就是诗人，我只不过重复别人做过的事罢了。真正应该问的问题是，为什么其他人会停止了呢？"因此说，多数人年龄越长，思想越僵化。当他们年轻时，对未来人生充满美好的憧憬；然而，到了中年以后，竟然对理想主义者嗤之以鼻，而对一些污秽、龌龊之事却习以为常。为什么会出现这种情况呢？以色列先知耶利米在《圣经－耶利米书》中说："你若与步行的人同跑，尚且觉累，怎能与马赛跑呢？"在当今这个野蛮的物质主义时代，人们忙于应酬和娱乐，灵魂跟不上欲望的脚步，很少有人每天散步省察生命的意义，自然会变得大腹便便，却六神无主、麻木不仁。

2014 年 1 月 24 日，我在哈尔滨主持“犹太智慧商界领袖沙龙”，期间企业家们提问：“人活着的意义究竟是什么？”一位女企业家的回答是：“快乐。”我当时问她：“难道还有比快乐更快乐的事吗？”曾经，我在读一本书时发现，犹太小提琴大师梅纽因回答了这个问题：“生命的意义在于快乐，我的快乐就是分析作品，想象自己喜欢怎样去聆听；生命的意义在于将我们最迫切的需要升华成艺术，无论是生活艺术还是美食艺术。”梅纽因还说，人类还需要在快乐中不断学习，否则生命的终极意义便会离我们远去。任何人都无法预测死后会发生什么事情，永恒的生命不允许有未来。

我20年前开始研究犹太人，也开始了我的流浪生涯。大学毕业后，我分配回内蒙古自治区政府办公厅，然后下海流浪到海南儋州，历尽坎坷后又流浪到北京，在北京也先后搬了十几次家，不到一年搬一次。从2014年开始先是返回家乡鄂尔多斯，然后又流浪到包头和乌兰察布，今年则流浪在北京、乌兰察布和呼和浩特之间。我的女儿也和我一样，先是在内蒙，后来到了北京，然后又从中国到了爱尔兰，爱尔兰到了美国，美国到了法国，马上又要从法国到以色列求学。儿子也一直在颠沛流离的状态中成长，不间断地适应着各种不确定的状态和陌生的世界。

犹太哲学家维特根斯坦说：“一个哲学家的最终归宿是火车站。”这难道就是我和孩子研究犹太智慧的宿命吗？犹太人为什么要流浪？就是要寻找一个热爱诗歌，热爱法律，渴慕智慧和真理的地方，寻找一个和谐、幸福，没有雾霾，能实现伟大梦想的地方。

流浪不仅使犹太人越来越有智慧，也使犹太人向全世界布道，同时使犹太人吸取世界文明的精髓。这就是一个流浪者的心灵独白和思想札记，借以记录我20多年的研犹历程和前半生的思想收获。

感谢世界知识出版社的罗养毅副总编辑、汪琴副社长和所有责编，也感谢我弟弟贺鹏飞及字里行间书吧迅速让本书系付梓，同时为她插上翅膀飞向每一个热爱犹太智慧的读者的书架。有朋友和有智慧的人永远不会破产，与犹太人为伍就是与智慧同行。

1+1=11或111。是为序，与广大读者朋友共勉。

贺雄飞

2015年8月28日于北京

目　录

第一章　这是我吗？

——“犹太式幽默”中的“傻瓜哲学”

赫尔姆的一个人认为，人们只能通过衣服才能互相区分，于是就很担心在浴室会丢了自己，因为在那儿的人都是裸着的，就没法区分了。为了保险，他就在自己的大腿上系了根线。

不幸的是，线很快松了，不久就脱落了。而另一个赫尔姆的人看见了，也许是出于同样的恐惧，就把线系在自己的大腿上了。

在出来穿衣服的时候，第一个人看见了第二个人。“我的天，”他叫了起来，“如果这个家伙是我，那我是谁？”

——《这是我吗？》

一场大灾难降临到赫尔姆。镇上的补鞋匠谋杀了他的一个顾客，于是他被带到法官面前，法官判处他绞刑。

当正在宣读判决书的时候，镇上的一个人站起来叫道："请你等一等——如果你判决补鞋匠死刑，他是我们镇上唯一的补鞋匠，你绞死他，谁给我们补鞋？"

"谁？谁？"赫尔姆的人异口同声地喊。

法官同意地点点头，重新考虑判决。

"赫尔姆的好人民，"他说，"你们说得对。既然我们只有一个补鞋匠，那如果让他死了，对我们很不方便，所以就把我们镇上修屋顶的两个人绞死一个吧！"

——《赫尔姆的公正》

一、赫尔姆的傻瓜们

赫尔姆村是个傻瓜村，村里老老少少都是傻瓜。一天晚上，有个人看到水桶里的月亮影子，赫尔姆村的人便以为月亮掉进了水桶里，他们把水桶盖起来，以为这样月亮就跑不出去了。第二天早晨，他们打开水桶一看，月亮不见了。村里的人便认为月亮被人偷走了。他们叫来了警察，可是找不到小偷，赫尔姆村的傻瓜们便痛哭流涕。

在赫尔姆村的所有傻瓜中，最有名气的是村里的七个长老。因为他们是赫尔姆村年纪最大的，也是最蠢的，所以他们统治着赫尔姆村。他们蓄着白胡子，由于用脑过度，个个脑门儿都向前突出。

有一次，在光明节之夜，整晚大雪纷飞，银白色的雪覆盖了整个赫尔姆村，晶莹发亮，熠熠生光。

那天晚上，七位长老坐着沉思，不时地皱眉头。村里经济困难，可是他们不知道去哪里弄钱。忽然，他们中间最老的一个大傻瓜格罗纳姆大声说："雪就是白花花的银子嘛！"

“我在雪里看到了珍珠！”另一位大声喊道。

“我看到了宝石！”第三位叫喊着说。

赫尔姆村的长老们这才意识到，财宝从天而降。

不一会儿，他们又犯起愁来。赫尔姆村的人喜欢走动，准会把财宝踩坏。怎么办呢？傻子杜德拉斯想出了一个主意。

“咱们派个送信儿的去挨家挨户敲窗户，告诉大家：人人都必须待在家里，等把所有的银子、所有的珍珠和所有的宝石都收好以后才许出门。”

有那么一会儿工夫，长老们很满意。他们搓着手，表示同意这个聪明的主张。但是笨伯莱基什不以为然：“送信儿的人自己就会把财宝踩坏的。”

莱基什说得对呀！于是长老们又皱起高高突起的脑门儿，绞尽脑汁来解决这个新难题。

“有了，有了！”蠢牛谢默雷尔大声说。

“请讲，请讲。”长老们急切地说道。“别让送信儿的人在地上走，把他放在一张桌子上抬着走，这样他的脚就不会踩到宝雪了。”长老们对蠢牛谢默雷尔的解决办法拍手叫好，也为自己的智慧扬扬得意。

他们立即派人到厨房把使童吉姆佩尔叫来，让他站在一张桌子上。可是谁来抬桌子呢？凑巧，厨师特莱托尔、削土豆皮的贝雷尔、拌沙拉的尤凯尔以及照看村里公有山羊的杨泰尔都在厨房。长老们命令他们四人抬桌子，每人抬一根桌腿。吉姆佩尔站在桌子上，手里拿着一个木槌，准备用来敲各家的窗户。一切准备就绪，他们便出发了。

每到一家窗户前，吉姆佩尔便用木槌敲几下，并大声喊道："今晚不许出门。天上下了财宝，严禁踩踏。"

赫尔姆村的人对长老们唯命是从，他们整晚未出家门一步。与此同时，长老们坐下来商议财宝收起来后如何充分利用。

傻子杜德拉斯建议把财宝卖掉，买一只能下金蛋的鹅。这样村里人就不愁吃不愁穿了。

笨伯莱基什另有主张。他建议为全体赫尔姆村民买一批放大镜。这样，房屋、街道、商店看起来就都变大了，当然啦，如果赫尔姆村看着大，那就一定是大。赫尔姆村就不再是一个小村子了，而是一个大城市了。

还有其他一些同样聪明的主张。但是当长老们正在权衡各种计划的利弊时，天已大亮，太阳升起来了。他们向窗外望去，天哪，他们发现地上的珠玉财宝已经被人踩坏了。抬桌子的人的大靴子毁坏了所有财宝。

赫尔姆村的长老们捻着白胡子，彼此承认他们犯了一个错误。他们争辩说，也许再有十六个人抬着抬桌子的四个人，情况就不至于如此了。

经过长时间的讨论，长老们决定：下一个光明节时，要是天上再下财宝，他们就照这个办法办。

虽然村民们没有得到财宝，但是他们对来年满怀希望。他们继续赞扬他们的长老，他们深信，不管什么难题，总是可以指望村里的长老们找到解决办法的。

有关赫尔姆的犹太傻瓜鲜为人知的故事非常多，不妨给您再讲几则，供您一乐。

这是我吗？

赫尔姆的一个人认为，人们只能通过衣服才能互相区分，于是就很担心在浴室会丢了自己，因为在那儿的人都是裸着的，就没法区分了。为了保险，他就在自己的大腿上系了根线。

不幸的是，线很快松了，不久就脱落了。而另一个赫尔姆的人看见了，也许是出于同样的恐惧，就把线系在自己的大腿上了。

在出来穿衣服的时候，第一个人看见了第二个人。“我的天，”他叫了起来，“如果这个家伙是我，那我是谁？”

赫尔姆的公正

一场大灾难降临到赫尔姆。镇上的补鞋匠谋杀了他的一个顾客，于是他被带到法官面前，法官判处他绞刑。

当正在宣读判决书的时候，镇上的一个人站起来叫道：“请你等一等——如果你判决补鞋匠死刑，他是我们镇上唯一的补鞋匠，你绞死他，谁给我们补鞋？”

“谁？谁？”赫尔姆的人异口同声地喊。

法官同意地点点头，重新考虑判决。

“赫尔姆的好人民，”他说，“你们说得对。既然我们只有一个补鞋匠，那如果让他死了，对我们很不方便，所以就把我们镇上修屋顶的两个人绞死一个吧！”

真正的科学

赫尔姆的两个圣人陷入复杂的哲学争论。

“既然你那么聪明，”一个面带讥讽地说，“请回答下面的问题：为什么当一片涂着黄油的面包落地时，总是带黄油的那面朝下？”

另一位圣人是一位所谓的科学家，他决定做一个实验来推翻那个理论。于是他给一片面包涂上黄油，然后往下扔。

“你看！”他胜利地叫起来，“正如你看到的，根本不是带黄油的那面着地。所以你的理论怎么解释？”

“嘘！嘘！”那一个不屑地笑起来，“你还认为自己挺聪明！你把黄油都涂错了！”

赫尔姆的掘土人

赫尔姆的居民在为新教堂掘一口井，忽然其中的一个停了下来，靠在他的铁锹上，摸着他的胡子。“我们该怎么处理，”他像是自言自语地问，“这些掘出来的土呢？”

“我还真没想过，”另一个说，“真的，我们该怎么处理呢？”

“啊，我知道了，”第一个人接着说，“我们挖一个坑，把我们掘井挖出来的土填进去。”

“但是等等，”第二个说，“还是不能解决问题！我们挖坑挖出来的土怎么办？”

“我来告诉你，”第一个说道，“我们再挖一个坑，是第一个的两倍大，这样就可以填下我们掘井和挖第一个坑所有的土了！”

于是，他们接着掘井。

错　误

赫尔姆的拉比和他的一个学生在旅馆里过夜。学生想让仆人一早就叫醒他，因为他要赶早班车。仆人答应了。因为不想惊醒拉比，学生就摸黑穿起了衣服，但过于匆忙，他穿上了拉比的长袍。他急匆匆地到了车站，进了列车，这时他看到车厢镜子里的自己，呆住了。

“那个仆人真笨！”他生气地叫道，“我让他叫醒我，他却跑去叫醒了拉比！”

金鞋子

赫尔姆的委员在开会，他们决定要有一个和别人一样的团体传达他们的智慧，而最应该做的事就是要有一个首席圣人。于是他们就选了一个首席圣人。但让他们吃惊的是，当他走到街上时，没有一个人注意到他，因为他和赫尔姆的居民没什么两样。

于是他们给他买了一双金鞋子。

“现在每个人都会知道他就是首席圣人了！”他们说。

当首席圣人穿上金鞋子的第一天，街上有很大的尘土，不一会儿，尘土都跑到他的鞋面上，再也看不出是金的了。因此没有人认出这就是首席圣人，所以也就没人注意。

首席圣人不喜欢被忽视，就到委员会上去抱怨。

“如果我不能很快得到尊重，我就辞职！”他威胁说。

“你说得太对了！”委员会同意说，“我们马上就加强！我们首席圣人的尊严必须保护！”

于是他们给他做了一双上等的皮鞋穿在金鞋子的外面。这样当首席圣人上街的时候，就不会再沾上尘土了，但是也因此没人看到里面的金鞋子了，那他们还怎么能区分出这是首席圣人呢？因此还是没有人注意到他。

“这太过分了！”首席圣人发怒了，“如果每个人都忽视你，那么做首席圣人有什么用呢？”

“你说得对——绝对正确！”委员会又同意说，“相信我们——我们会为了保护你的尊严不惜一切代价。”

于是他们又从鞋匠那里为首席圣人做了一双皮鞋。在鞋上有很多小洞。这样既可以保护金鞋子不沾尘土，同时也可以让人们看到里面的金鞋子，每个人就可以认出首席圣人了。

不幸的是，这个计划又失败了。灰尘穿过小洞又弄脏了金鞋子和皮鞋。因此既没有人认出这是首席圣人，也没人注意他。

“这太过分了！”首席圣人大怒，“我觉得很丢人，以后我再也不能在街上露面了！”

“当你苦恼的时候，我们也很苦恼！”委员会安慰他，“不要后退，我们会接着想办法。”于是他们用稻草填住了小洞。确实，稻草阻止灰尘再进到里面，但老问题又来了——没人能看到里面的金鞋子。于是首席圣人再一次被忽视了。这是他最后的限度！

赫尔姆的圣人们又召开庄重的大会，讨论如何解决问题，经过长时间的热烈讨论后，他们终于拿出了解决方案。

“从此以后，”他们告诉首席圣人，“你就穿着平常的皮鞋上街，但是为了让每个人都知道你是首席圣人，你的每只手上都要穿一只金鞋子！”

清白和算术

赫尔姆有一个年轻的学者，对世界上的事物认识都很天真。一天早晨，他被他妻子的生产吓得目瞪口呆，慌慌张张跑到拉比那里。

“拉比，”他叫道，“一件不寻常的事发生了！请给我解释一下！我妻子刚刚生了,而我们结婚才刚三个月！这是这么回事？每个人都知道九个月才能生小孩！”

这位拉比，全世界都很有名，戴着他的银边眼镜，皱着眉头想这件事。

“我的孩子，”他说，“我看你对这种事一无所知，甚至都不会简单地计算了。让我问你：你和你妻子住在一起三个月了吗？”

“是的。”

“她和你住在一起三个月了吗？”

“是的。”

“你们两个——在一起三个月了吗？”

“是的。”

“那一共是——三个月加三个月加三个月？”

“九个月，拉比！”

“那你为什么还跑来用这种愚蠢的问题烦我！”

多余的

“哪一个更重要，太阳还是月亮？”一个赫尔姆的居民问他的拉比。

“当然是月亮，”拉比说，“它在晚上需要光的时候发光；而太阳只在白天发光，那时谁还需要它！”

被打湿的逻辑

一个赫尔姆的圣人在湖里洗澡，差点被淹死。当他漂起来时，其他游泳的人救起了他。他好不容易才爬出水面，就发了一个重誓：“在我学会游泳之前，我绝不再下水！”

赫尔姆的哥伦布

在赫尔姆住着一个叫塞雷格的人，他是一个圣人，但却是不安心的人。在他的血液里有冒险的因子，他总

是做梦去看世界。但是因为他是个圣人，所以很穷，使他不能像镇里的富人一样坐船去周游世界。

有一天，一个赫尔姆的商人从华沙回来了。从那天起以及以后一周内的每一天，在赫尔姆的人除了谈论商人给他们讲的华沙的种种奇妙之外再也不说别的了。而没有人比塞雷格听得更入神。

从那以后，他走路就像梦游一样，心里只有一个愿望：去看看华沙。他不吃不睡不休息，他的妻子很着急，不知道怎么才能安慰她的塞雷格。

一天早晨，他的眼睛有一种神往的表情，对他妻子说："我要去华沙！"

"为什么？"

"我听说那是个神奇的城市！"

"但是你没有钱。"

"我走着去。"

"但你的鞋子会破。"

"我赤脚走，把鞋子拿在手里。"

"你疯了，塞雷格！"

"我要去华沙！"他坚持说。

于是他把一些面包和奶酪放在背包里，拿起他的橡木杖，手里提着鞋子，向那伟大的城市进发了。

塞雷格像长了翅膀一样往前走。他根本不顾自己是赤脚，路上尖锐的石子扎痛他的脚。他一路唱着歌，满怀高兴，想着很快就能亲眼看见华沙的面貌了。

当太阳垂直挂在天空时，塞雷格感到了饿。他在岔路口的一棵树荫下坐下来，吃了一些面包和奶酪当午饭，然后又觉得困，于是他决定小睡一会儿补充一下精神。但在睡之前，他想先确定一下，当他醒来时还能走正确方向的路。

“现在，让我看看，”他自言自语，“我在两条路的岔口处：一条是去华沙，另一条是回赫尔姆。我必须确定是去华沙而不是回赫尔姆的路。”

于是他把鞋子拿来，放在路口，脚尖的方向指向华沙。当我醒来我就知道正确的路了。他想。

为自己的聪明感到高兴，他伸了个懒腰，到草地上去睡觉了。啊，这是一个什么样的觉！这是一个被神保佑的觉，就像族长雅各布在梦里见到了天使！他睡得是那么深，那么甜。而这时一个农夫驾着马车从旁边经过。当他看到路上的鞋子时，他自言自语道：“真幸运！这里有一双鞋子像孤儿一样躺在路上！”

于是他停下马，下了车，捡起鞋子。

“大概是得霍乱的人扔下的！”他嘟囔说，“它们不是鞋子——像烂网一样有那么多洞。”于是他扔掉鞋子，但是却把鞋子的脚尖方向指向了赫尔姆。

过了一会儿，塞雷格醒来了，想着自己很快就到华沙了，他跳了起来，急着继续往前走。

“我是多么聪明，”他想，“这么有远见地把鞋子放在路上，现在不会错了！”

于是他接着往前走。

不一会儿他看到城市了。塞雷格加快了脚步。当他走过那些街道时，他好奇地看着各种东西，房屋、街道和人们。

“这好像与我住的那儿一样！”他叫道，“华沙不像我想象的那么大。怎么那么像赫尔姆,像两个孪生兄弟！”

他继续走，当他经过浴室时，一个男人坐在门边向他友好地说：“您好！”塞雷格也真诚地回敬道：“您好！”

“就像我的名字叫塞雷格，”他对自己嘀咕道，“这个人看起来很像赫尔姆浴室里的费舍尔，浴室也很像我们的浴室！这是怎么回事？”

一会儿他到了教堂。

这和我们赫尔姆的一模一样！他吃惊地想。

出于习惯他往里走。

他所看到的让他毛发直立。

“如果我不知道自己在华沙，简直就要相信这些做祷告的人都是我们赫尔姆的人了。”

而当他站在那儿的时候，教堂的杂役匆匆过来，背着玉米，把他挡到一边。

“别挡我的路！”他喊。

“就像上帝在天堂里一样，”塞雷格几乎不相信自己的眼睛，“这个杂役不仅看起来像我们赫尔姆的杂役，就连说话和做事都像他。奇怪，真奇怪！”

塞雷格充满困惑离开了教堂。

“这到底是怎么回事？”他着急地问自己。他陷在自己的想法里，不知道往哪儿走了。忽然他抬起头来，发现自己在一条非常熟悉的街道上。

“神啊，请帮助我！”他叫道，“怎么这条街那么像我家那条！这是华沙吗？真让我失望！我费那么大劲跑到这儿就是来看和我家一模一样的一条街？”

在家门口他也看到了一些孩子在玩把胡桃核弹进洞里的游戏。

“如果这不是我的儿子莫舍尔在这里玩，愿我的手脚都摔断！”

这时一个女人把头伸出窗子叫道：

“塞雷格，你为什么站在街当中，张着嘴像个傻瓜？快进来——饭做好了！”

塞雷格很惊奇：他敢发誓这个女人很像他妻子丽施的孪生姐妹！说话的方式都一样！而且，她不是叫他塞雷格吗？于是他走进去，假装是她的丈夫塞雷格。

当然了，房子里的家具也和他家的一样！他坐下来开始吃饭——肉烤煳了，和他妻子做的一样。

我只能得出一个结论，最后塞雷格想，华沙和赫尔姆完全一样，在每一个细节上。确实，房子很像我的房子，这个女人很像我的妻子，这个小男孩很像我的莫舍尔，而且她丈夫的名字也叫塞雷格。但我知道得很清楚，这都不是我的。

于是塞雷格在桌边坐着，开始想念起他在赫尔姆的那个小家。

“这让我觉得很麻烦，”他最后决定，“这个很像我的人是否是华沙的塞雷格。但我已经知道他的名字是塞雷格，而且他和我看起来很像。问题是：他是谁？他现在在哪儿？”

安全保护

赫尔姆发生了一桩丑闻，教堂的募捐箱被人偷走了。于是他们立刻做了一个新的，挂在教堂大堂的天花板上，它挂得那么高，以至于没有小偷能够得着。他们都很满意这个经过圣人会议产生的举措。

但是不久教堂的杂役发现了新问题。“的确，”他说，“这个新的募捐箱很安全，但是我们也得不到募捐了！

没有人能够得到它！”

但是这个问题没有难倒赫尔姆的聪明人。很快他们宣布做一架梯子，能够让募捐人爬到募捐箱。而且为了避免虔诚的募捐人受伤，梯子被永久固定在地板和天花板之间！

泄露秘密的杂役

赫尔姆的一个人在做生意时，突然死在市场上。于是拉比派杂役去通知死者的妻子。

“要小心一点，”他教他说，“在给她说这个消息的时候尽量委婉些！”

杂役敲了门，一个女人来开门。

“蕊彻尔寡妇是住在这儿吗？”

“我是蕊彻尔，我就住在这里，”她回答说，“但我不是寡妇。”

“哈！哈！”杂役胜利地笑了起来，“打赌你是寡妇，你赌多少？”

一个谜语

赫尔姆有一个人到伯德彻夫去，在教堂里和一群人一起等待祈祷的开始。教堂里的杂役看见他是个生人，就想拿他开玩笑，于是给他出了这样一个谜语："这个人是谁——他不是我父亲的儿子，也不是我的兄弟？"

赫尔姆的圣人绞尽脑汁也想不出来。

"我放弃！"他最后说，"现在告诉我吧——他是谁？"

"就是我啊！"杂役得意地说。

圣人被这个谜语的奇妙吸引住了，当他一回去，就迫不及待地问其他圣人。

“我的朋友们，”他很严肃地开始了，“我给你们出一个谜语，看你们能否回答。这个人是谁——他不是我父亲的儿子，也不是我的兄弟？”

赫尔姆的圣人都觉得很难，他们想啊想，最后说：“我们放弃了！告诉我们，这个人是谁？”

“他是伯德彻夫教堂的杂役！”圣人得意扬扬地宣布。从此以后，赫尔姆就成了傻瓜的代名词，就仿佛英国的愚人村和德国的傻子村。一名犹太人讽刺另一名犹太人特别傻时，总会这样说：“看看吧，一个真正的赫尔姆人。”

那么，究竟什么是傻，什么是聪明呢？赫尔姆人自有自己的定义。

什么叫作傻瓜

一个傻瓜到拉比那里说：“我知道我是个傻瓜，拉比，但是我不知道该怎么做。请教教我吧。”

“噢，我的孩子！”拉比用赞美的语气说道，“如果你知道你是个傻瓜，那说明你根本不傻！”

“那为什么每个人都说我傻？”那个人抱怨说。

拉比看着他想了一会儿。

“如果你认为自己不是个傻瓜，”拉比说，“但是光听别人说，那你就是一个真正的傻瓜！”

一些最优秀的人

一个犹太人到拉比那里抱怨其他人。

“拉比，”他悲伤地说，“你认为他们叫我傻瓜对吗？”

拉比同情地听着。

“干吗为这么小的事悲伤！”他安慰他说，“你认为傻瓜和其他人那么不一样吗？相信我，我见过一些最优秀的人都是傻瓜。当然，像你这么优秀、聪明的人也是一个！”

二、傻瓜吉姆佩尔的故事

《傻瓜吉姆佩尔》是1978年诺贝尔文学奖得主艾萨克·辛格的一篇小说，他在开头这样写道：

我是傻瓜吉姆佩尔。我不认为自己是个傻瓜。恰恰相反。可是人家叫我傻瓜。我在学校里的时候，他们就给我起了这个绰号。我一共有七个绰号：低能儿、蠢驴、亚麻头、呆子、苦人儿、笨蛋和傻瓜。最后一个绰号就固定了。我究竟傻些什么呢？我容易受骗。他们说："吉姆佩尔，你知道拉比的老婆养孩子了吗？"于是我就逃了一次学。唉，原来是说谎。我怎么会知道呢？她肚子也没有大。可是我从来没有注意过她的肚子。我真的那么傻吗？这帮人又是笑，又是叫，又是跺脚又是跳舞，唱起晚安的祈祷文来。一个女人分娩的时候，他们不给我葡萄干，而在我手里塞满了羊粪。我不是弱者。要是我打人一拳，就会把他打到克拉科夫去。不过我生性的确不爱揍人。我暗自想：算了吧。于是他们就捉弄我。

谁在捉弄吉姆佩尔呢？全镇的人都在捉弄他，使吉姆佩尔对任何人都不相信。如果吉姆佩尔敢说一句："嘿，你们在骗我！"那可就麻烦了，人们全都会勃然大怒。于是，吉姆佩尔只好相信人们说的话。

吉姆佩尔是一个孤儿，抚养他成长的祖父已奄奄一息了。于是，将他交给了一个面包师傅，让他学习烘烤面包。在那里，他同样受到每一个来烘烤面包的女人或姑娘的捉弄。于是，吉姆佩尔到拉比那儿去请教。拉比对他说："圣书上写着，做一生傻瓜也比作恶一小时强。你不是傻瓜，他们是傻瓜。因为使他的邻人感到羞辱的人，自己要失去天堂。"然而，拉比家的女儿也在捉弄他。她对吉姆佩尔说："你已经吻过墙壁了吗？"吉姆佩尔说："没有，为什么要吻墙壁？"她回答道："这是规矩，你每次来以后必须吻墙壁。"这个恶作剧很高明，她骗得很成功。

后来，当吉姆佩尔要到另外一个城市去时，许多人开始给他做媒。吉姆佩尔知道女方已有一个私生子，但人们告诉他对方还是一个纯洁的处女，说那个孩子是她的小弟弟，并威胁他说："如果你要成心败坏她的名声，我们就要把你带到拉比那儿，让你交罚款。"于是吉姆佩尔被迫到那个所谓的“坏女人”埃尔卡那里相亲，并答应同对方结婚。当签订婚书的时候，最高贵、虔诚的拉比问：“新娘是个寡妇还是离婚了的女人？”会堂执事的老婆代她回答：“既是寡妇又是离婚了的。”这对吉姆佩尔来说，是一个倒霉的计划，他该怎么办呢？难道要从婚礼的华盖底下逃走吗？

等结婚的那一天，整个小镇都轰动了。吉姆佩尔眼见两个魁梧的青年抬进一张儿童床来，他奇怪地问：“我们要这干吗？”对方回答说：“你别为这个伤脑筋了。这东西很好，迟早要用的。”新婚之夜，吉姆佩尔要睡到埃尔卡的床上，但她不同意，并说：“我来月经了。”“可是昨天他们还带你去行婚前沐浴仪式，怎么可能来月经呢？”“今天不是昨天，昨天也不是今天，如果你不高兴，可以滚蛋！”

过了不到 4 个月，埃尔卡要生孩子了，全镇的人都捂着嘴窃笑。吉姆佩尔眼见着埃尔卡疼痛难忍，便跑到犹太会堂去祈祷。一个教徒对他说：“祈祷文永远不会使任何女人怀孕的，干草是给母牛的。”

吉姆佩尔的妻子埃尔卡生了一个男孩，邀请全体教友赴宴，并为孩子举行割礼仪式。当会堂执事宣告这个消息时，整个教堂响起一片笑声，吉姆佩尔的脸烧得厉害。

随着孩子一天天的成长，吉姆佩尔也渐渐忘记了自己的烦恼。他着迷地爱这个孩子，孩子也非常喜欢他，一看见吉姆佩尔就挥动着小手，让“爸爸”把他抱起来。他对埃尔卡也逐渐开始喜欢了。纵然她的每一句话像刀子一样刺得他遍体鳞伤。有时候，他回家时，还要从面包店里偷来安息日的许多食物带给埃尔卡，她变得又胖又漂亮。

有一天晚上，面包铺发生了一桩灾难。炉灶炸了，面包店里几乎起火。大家没事可干，只得回家。于是吉姆佩尔也回家了。他想，让我也尝尝不是在安息日前夜躺在床上的乐趣。他不想惊醒睡熟了的小东西，踮着脚走进屋子。到了里面，他听到的似乎不是一个人的鼾声，而仿佛是两个人在打鼾，一种是相当微弱的鼾声，而另一种仿佛是快要宰的公牛的鼾声。唉，他讨厌这种鼾声！他讨厌透了。当他走到床边，事情忽然变得不妙了，埃尔卡身旁躺着一个男人模样的人。若是另外一个人处在他的地位肯定会嚷叫起来，闹声足够把全镇的人都吵醒。可是他想到，那样会把孩子惊醒。他想，像这样一点点小事情为什么要使一只小燕子受惊呢。那么，好吧，他就回到面包房去，躺在一只面粉袋上。一直到早晨不曾闭眼。他直打哆嗦，好像患了疟疾。“我蠢驴当够了，”他对自己说，“吉姆佩尔不会终身做一个笨蛋的。”即使像吉姆佩尔这样的傻瓜，他的愚蠢也有个限度。

早晨，他到拉比那里去求教。这事在镇上引起很大的骚乱。他们立刻派会堂执事去找埃尔卡。她来了，带着孩子。你猜她怎么着？她不承认这件事，什么都不承认，语气硬得像骨头和石头！“他神经错乱了，”她说，“我是不懂梦里的事情的，不懂见神见鬼的。”他们对她叫嚷，警告她，拍桌子，但是她却开她的炮：“这是诬告。”

屠夫和马贩子站在她一边。屠宰场的小伙子走过来对吉姆佩尔说：“我们一直在注意你，你是一个可疑的人。”这时候孩子把屎拉在身上了。拉比的圣坛[①]那儿有约柜，那是不准亵渎的，因此他们把埃尔卡送走了。

吉姆佩尔问拉比说：“我该怎么办？”

“你得立刻跟她离婚。”拉比说。

“如果她不答应怎么办？”吉姆佩尔问。

拉比说：“你务必和她离婚，这就是你必须做的一切。”

吉姆佩尔说：“呃，好吧，拉比，让我考虑考虑。”

“没有什么要考虑的，”拉比说，“你不能再和她同住一间房了。”

“如果我要去看孩子呢？”吉姆佩尔问。

“别管她，这个婊子，”拉比说，“别管那一窝跟她

---

① 圣坛是会堂里信徒座位前的地方。拉比就在那里主持宗教仪式。

在一起的杂种。”

可怜的吉姆佩尔心里在慢慢地琢磨着这件事：

我想该发生的事情必定要发生，疮必定要出脓。可是到了晚上，当我躺在面粉袋上的时候，我觉得这一切太伤心了。我难以抑制地渴念着她，渴念着孩子。我需要的是发怒，可是那恰恰是我的不幸，我不能使这件事在我心里产生真正的愤怒。首先——我就是这样想的——谁也免不了有时候会犯错误。在你的生活中不可能没有错误。大概和她在一起的那个小伙子引诱她，送她礼物，等等。而女人是头发长见识短的，所以他哄得她同意了。不过后来她既然否认这件事，也许我看到的只是一些幻象？幻觉是有的。明明看见一个人影，或者一个侏儒，或者什么东西，但是等你走近了，却没有了，什么东西也没有。要是真的这样，我对她太不公正了。当我想到这里，我就开始哭了。我啜泣着，眼泪流湿了我睡的面粉袋。早晨我到拉比那里去，告诉他我弄错了。拉比用羽毛笔写下来，他说，如果事情是这样，他必须重新审理这个案子。在他结案之前，我不能去接近我的老婆，但是我可以请人给她送面包和钱去。

可怜的吉姆佩尔呀。9个月以后，所有的拉比终于同意了吉姆佩尔回家的请求。在这期间，埃尔卡又为他生了一个女孩。

于是，他满心欢喜地开始回家了，想吹口哨，又担心招来魔鬼。当他路过一些基督徒的院子时，里面的狗叫了起来。他心里想：你们叫吧，叫掉你们的牙！你们算什么东西，不过是狗！而我是一个人，一个漂亮妻子的丈夫，两个有出息的孩子的父亲。

当他蹑手蹑脚地走到自己的家里，发现在熟睡的埃尔卡旁边躺的竟然是面包店的学徒。他手里的面包掉在了地上。埃尔卡醒了，问道："是谁呀？"

"是我。"吉姆佩尔喃喃地说。

"吉姆佩尔？"她问，"你怎么会到这儿的？我想你是禁止到这儿来的。"

"拉比同意的。"吉姆佩尔浑身像发烧一样抖着。

"听我说，吉姆佩尔，"埃尔卡说，"出去到羊棚里看看羊好不好，它恐怕是病了。"当吉姆佩尔听说山羊有病时，就马上走到院子里，那只母山羊是一只很好的小生物。吉姆佩尔对它几乎有一种对人的感情。他犹豫地举步走到羊棚前，打开小门，山羊四脚直立在那里。他把它浑身摸遍了，拉拉它的角，检查了它的乳房，没有找到任何毛病，它大概是树皮吃得太多了。"晚安，小山羊，”他说，“保重。”这个小小的牲畜用一声“咩”来回答，仿佛感谢他的好意。

他回到房里时，学徒已经不见了。

“学徒哪儿去了？”吉姆佩尔问。

埃尔卡激动地说：“你这个讨厌的畜生！你这个白痴！是不是恶鬼附在你身上了，使你眼花缭乱！赶快滚出去！”

长话短说。吉姆佩尔和老婆一共过了 20 年。埃尔卡总共给他生了 6 个孩子。各种各样的事情都发生过，但他还是无忧无虑。因为拉比对他说：“信仰本身是有益的，书上写着，好人靠信念生活。”

突然有一天，埃尔卡生病了，乳房上长了一个肿瘤，很显然活不多久了。临死前，埃尔卡把他叫到床边说：“饶恕我，吉姆佩尔。”

他说：“你有什么要饶恕的？你是一个忠诚的好妻子。”

“唉，吉姆佩尔！”她说，“想到所有这些年来，我是怎样欺骗你的，就感到自己是多么丑陋。我要干干净净地去见上帝，因此我必须告诉你这些孩子都不是你的。”

吉姆佩尔迷惑不解，不亚于挨了当头一棒。

“那么，他们是谁的孩子呢？”他问。

“我不知道，”她说，“我有一大批……不过孩子没有一个是你的。”说完后，她露着安详的微笑就死了。

吉姆佩尔想，虽然她死了，但仿佛是在说：我欺骗了吉姆佩尔，这就是我短短一生的意义。

办完埃尔卡的丧事后，一天晚上，躺在面粉袋上的吉姆佩尔做了一个梦，魔鬼对他说：“吉姆佩尔，全世界都在欺骗你，你也应该欺骗全世界。”

“我怎么能欺骗全世界呢？”吉姆佩尔问。

魔鬼回答：“你可以每天积一桶尿，晚上把它倒在面团里，让那些自称圣人的拉比们吃些脏东西。”

吉姆佩尔又说：“那将来的世界要怎样审判我呢？”

“没有将来的世界，他们都是用花言巧语在骗你，就像埃尔卡一样。”魔鬼说。

第二天，他受了魔鬼的鼓惑，准备开始报复世界。但夜晚他又梦到了死去的妻子，埃尔卡对他说：“你这傻瓜！因为我弄虚作假，难道所有的东西都是假的吗？我从来骗不了什么人，只骗了自己。我为此付出了一切的代价，他们都不会饶恕你的。”吉姆佩尔一惊，就醒了，他把面包全部埋掉。

小说的结尾，吉姆佩尔把全部的积蓄都分给了孩子们，然后流浪去了。在梦中，埃尔卡经常安慰他，贴着他的脸哭泣。醒来时，还能感觉到她的嘴唇和眼泪的咸味。

最后，艾·辛格借吉姆佩尔的口说出这样的一段话：

> 毫无疑问，这世界完全是一个幻想的世界，但是它同真实世界只有咫尺之遥。我躺在我的茅屋里，门口有块搬运尸体的木板。掘墓的犹太人已经准备好铲子。坟墓在等待我，蛆虫肚子饿了；寿衣已准备好了——我放在讨饭袋里，带在身边。另一个要饭的等着继承我的草垫。时间一到，我就会高高兴兴地动身。这将会变成现实，那儿没有任何纠纷，没有嘲弄，没有欺骗。赞美上帝，在那儿，连吉姆佩尔都不会受欺骗。

看来，吉姆佩尔根本不是一个傻瓜，他在遭受一切污辱时，心里边都明明白白，而且他不仅是一个靠信念生存的犹太人，更是一个参透生死的智者。他没有报复世界，而是渴望着世界能够更加美好，让吉姆佩尔这样的弱者再也不要受到欺骗和伤害。

三、“傻瓜哲学”的智慧与思想

何为傻瓜？《大英百科全书》fool 条这样写道：

亦称弄臣（jester），一个喜剧表演者，他那或真或假、装疯卖傻的动作，使他成为逗人的笑料；同时取得贬低或逗弄其主子的特许，甚至对最尊贵的主人亦是如此。

《大美百科全书》fool 条的定义：

通常指旧时代以其荒唐或笨拙的行为来取悦王公贵族的人，历史和文学中只有少数职业傻瓜或弄臣才是真正的愚人，多数职业傻瓜则需靠其聪明才智，巧妙地使用幽默诙谐与粗俗打闹，阿谀奉承或侮辱谩骂等手段，看人眼色，苟且偷生。许多傻瓜以其幽默获得了永恒的美名，深受主人喜爱。

《牛津英汉百科大辞典》jester 条道：

1. 讲笑话的人，好诙谐的人（one who jests）；

2. ［史］（官廷或贵族所豢养的）弄臣（professinal entertainer）。

可见，傻瓜在西方指的就是职业小丑或弄臣。傻瓜靠的是聪明灵巧和装疯卖傻生活，能够以此为业的人，大多具有非凡的才智。傻瓜的才智,充分表现在他的“将计就计”。借自嘲以嘲人，最大利用自己的特权，讽刺、挖苦、嘲笑、比喻、影射，机智对答，滑稽模仿、文字游戏、双关语等，充当讽刺批评家和真理发言人的角色。

法国人让·诺安在他的《笑的历史》一书中讲述了一个锡兰宫廷小丑昂达雷的故事：

锡兰国王宫廷里有一个侍从小丑，名叫昂达雷。这个小丑非常聪明，能够使所有的人发笑。可是，有时他拿大臣们开心。因此，有一天，大臣们决定给他点颜色看看：“我们和昂达雷一起去河里洗澡，我们每人必须偷偷带上一个鸡蛋……”到了河边，宰相问道：“谁能潜到水底，摸到一个鸡蛋？”“我能行！我能行！”所有的大臣们都争着回答。“我当然也能行！”昂达雷也不示弱，可是他不知道大臣们的诡计。大臣们都潜入水中，不一会儿又都浮到水面上。他们都扬起胳膊，展示自己的鸡蛋。昂达雷明白了他们是在开玩笑。于是，他双手扑打水面，学着公鸡扑打翅膀的样子，得意扬扬地喊着："喔喔喔！你们都是母鸡，只有我是鸡舍里唯一的公鸡！

大臣们都非常生气。可是又一想事实根本不是那么回事，于是都哈哈大笑起来。[①]

这个宫廷小丑显然就是我们所说的职业傻瓜，他急中生智，反败为胜，嘲弄了那些欺负他的大臣们。

在文艺复兴时期，佛罗伦萨的"逗笑人"比比皆是。查理四世曾经称多尔奇本是"意大利的滑稽家之王"，多尔奇本则说："您将征服这个世界，因为您是我和教皇的朋友；您用宝剑，教皇用诏书，而我则用我的舌头来战斗。"可见，在世界古代的某些时候，"傻瓜"多么活跃。

欧洲文学史上现存最早的傻瓜形象是荷马史诗《伊利亚特》中的忒耳西忒斯，一个军营傻瓜。在希腊联军的一次会议上，史诗这样写道：

① 《笑的历史》，［法］让·诺安著，果永毅、许崇山译，生活·读书·新知三联书店 1986 年 11 月版，第 315 页。

他的一只脚是瘸的，还长着两条向外弯的腿。他那两个拱着的肩膀几乎在胸前互相接触，从那上头长出一个蛋形的脑袋来，脑袋上头稀稀疏疏地竖着几根短发。军队里最厌恶这个人的是阿喀琉斯和俄底修斯，因为他们是他顶喜爱的箭靶子。可是这回他却跟那高贵的阿伽门农作对了。

史诗接着写他“给了阿伽门农一阵臭骂”，指责他身为联军统帅，高高在上地享受着源源不断的财富和美女，让士兵们到战场上去送死，犹嫌不足，竟然去抢夺阿喀琉斯——一个远比他杰出和英勇的人——的美女，他说道：

咱们无论如何开船回去吧，把这家伙留在这儿垂涎他的战利品，也好明白明白他是怎样依靠士兵的。

一个相貌丑陋、地位低贱的傻瓜，居然敢在大庭广众之下如此讽刺和辱骂联军的最高统帅，自然逃不过统治者的惩罚。“高贵的”俄底修斯哪里能容得下这般无礼？走上前来，劈头盖脸就是一通辱骂和一顿毒打。在《荷马史诗》这篇气势磅礴的长篇史诗里，忒耳西忒斯实在是一个被人海淹没的小人物，但是他虽然外形丑陋，但性格倔强，正直无私，愤世嫉俗，敢于对高级将领说出不受欢迎的真话，直刺统治者的痛处，道出大众心声，真是一个了不起的“傻瓜”。

法国的傻瓜剧，一般指的是“闹剧”，盛行于 13 世纪至 16 世纪，和“愚人节”的庆典有关。而在德国，却有一种狂欢剧，长于滑稽调笑。德国狂欢剧最有价值的地方是塑造了马尔可夫（Marcolf）这个聪明灵巧的傻瓜形象。在这种狂欢剧里，尽管所罗门代表着智者和国王，马尔可夫代表着傻子和仆人，他们之间的舌战却常常以后者的妙语连珠击败前者的陈词滥调，从而表明：一个粗鲁放肆的仆人甚至比世界上最聪明的智者更有见识。马尔可夫是德国舞台上最吸引人的傻瓜形象，作为一个仆人，他敢于指责国王的自负；作为一个粗人，他敢于嘲讽所罗门的愚蠢。在所罗门自吹自擂的时候，他这么说：“相信自己是个傻瓜的人是聪明的。”（He is wise who believes himself to be a fool.）这很容易使人们想起莎士比亚的名言：“傻子自以为聪明，但聪明人知道他自己是个傻子。”[①]

由于英国的教会势力认为“愚人节”之类的庆典“有

---

① 《诱人的傻瓜：莎剧中的职业小丑》，易红霞著，中国社会科学出版社 2001 年 9 月版，第 29 页。

伤风化”，法、德傻瓜剧中的傻瓜便摇身一变成了英国道德剧中的喜剧角色——“罪恶”（vice）。英国的道德剧（moral plays）大约产生于15世纪，是宗教神秘剧和奇迹剧世俗化的产物，通过相对生活化的故事和插科打诨的表演来宣扬惩恶扬善的道德观念。道德剧里的人物大都是概念化的角色，如上帝、人、罪恶（七种罪）、人格、理性、善行、恶行甚至青春、美丽、知识，等等。“罪恶”一角往往是“七宗罪”的象征，在不同的剧里代表着不同的罪恶，有着各种各样不同的名称：“伪善”“懒散”“淫荡”和“恶作剧”等。从角色类型来看，他显然是一个小丑。他的性格相当复杂，时而表现为邪恶的阴谋家，时而又是个幽默的评论家。现存的资料没有太多他穿不穿花花彩衣的证据，但从他的许多表现来看，他仍然有着傻瓜的一些特点：机智、聪明，不停地插科打诨，为剧情制造欢乐，并通过影射、旁白、滑稽模仿和机智对答等手段嘲弄愚蠢，偶尔还充当作者的讽刺代言人。哥尔史密斯认为，这种人物最杰出的代表是一个叫Hardy Dardy的“罪恶傻瓜”（the Vise-fool），他有一段精彩的机智对答，不断地推翻对方的挑战：

> Aman：傻瓜肯定会说出你所有的思想；
> Hardy：聪明人失败后才不发一言。

Aman：傻瓜将说出一切伤痛；
Hardy：聪明人在大势已去后什么也不说。
Aman：傻瓜总是懒懒散散；
Hardy：聪明人休息时最为繁忙。
Aman：傻瓜不管国家的改革；
Hardy：聪明人想象太多不会对付。
Aman：聪明人做得对的，傻瓜说错；
Hardy：聪明人逃跑时，傻瓜英勇奋战。

埃拉斯穆斯在《愚人颂》里塑造了一个快乐的女傻瓜英里亚。她说，智慧是枯燥乏味的，愚蠢则简单而又活泼；假使生活离开了愚蠢的调剂，也就无所谓甜蜜快乐。因此，她强调人们不仅要学习智慧，还应该了解疯狂和愚蠢。这一思想,有点接近于犹太人的“傻瓜哲学”。

莎士比亚的戏剧中，共塑造了四个有名的傻瓜：试金石、费斯特、拉瓦契和李尔王。莎士比亚借这些傻瓜的嘴，说出许多发人深省的至理名言：

傻子自以为聪明，但聪明的人知道他自己是个傻子。

——《皆大欢喜》

你还比不上我，我是个傻瓜，你简直不是个

东西。

——《李尔王》

因为看到我们天生的智慧太迟钝了，不配议论神明，所以才叫这傻瓜来做我们的砺石；因为傻瓜的愚蠢往往是聪明人的砺石。

——《皆大欢喜》

婚姻全都是命里注定，乌龟是天性生成。

——《终成眷属》

殿下，你们称赞我，把我当作驴子一样愚弄；可是我的仇敌却坦白地告诉我说我是一头驴子；因此，殿下，多亏我的仇敌我才能明白我自己，我的朋友却把我欺骗了。

——《第十二夜》

莎士比亚戏剧中的傻瓜，不仅有独特的社会地位和清醒的自我意识，还具有冷眼旁观者的大智慧和卓越的才情，并使智慧成为一种专业，从而说出“不受欢迎的真理”。他们装疯卖傻，以自嘲嘲人；机智对答，诡辩推理；游戏文字，一语双关；比喻影射，志在发悟；滑稽模仿，独具慧眼。正如评论家威廉·席勒格所言：莎士比亚的傻子多少带有一种过分的才智，只要才智成为一种专门职业，这种情况就无法避免，他们绝大部分具有一种无可比拟的诙谐和无限丰富的智力，足以弥补无数普通聪明人之不足。[①]

犹太人中的傻瓜形象，无论是吉姆佩尔，还是施勒米尔，他们不是职业小丑和专供人逗笑的舞台小丑，而是处于边缘和底层的小人物，这种“傻瓜哲学”不仅仅嘲笑弱者，而且对弱者有一种理解和同情，这种道德价值观来源于耶利米先知对人类的警告：“不要让聪明人为他的智慧骄傲。”犹太人一直具有这样的谦卑态度，因为早有犹太谚语指出：“所有的聪明人有时也会做傻事。”所以，当赫尔姆的傻瓜们发出:“如果这个家伙是我，那我是谁？”和把镇上的两个修屋顶的两个人绞死一个的时候，不仅是对人类自我存在意义的追问，更是对社会的丑陋和法律的嘲讽和批判，比莎士比亚的“傻瓜哲学”有更广泛的内容和深刻的思想。尤其是吉姆佩尔的“傻瓜哲学”，更体现了这种“犹太式幽默”的博大精深。

《傻瓜吉姆佩尔》的意第绪语原文标题是“Gimpel Tam”，其本意是“纯朴的吉姆佩尔”“无知的吉姆佩尔”或“天真的吉姆佩尔”。施洛姆·里希金以19世纪哈西德教派的精神领袖纳赫曼拉比的例子来证明tam这个词在传统犹太教中的神圣含义。他说：“纳赫曼拉比总是

① 《莎剧解读》，张可、元化译，上海教育出版社1998年5月版，第315页。

祈求自己能达到tam——上帝的天真、纯朴、全心全意的孩子——的精神境界，他将这样的人视为高于那些聪明、诡辩的孩子。这种纯粹的境界只有在遭遇并战胜了各种理性的挑战和冲突之后才能达到。这也正是所罗门王在伟大的宗教和智慧追求后的看法：‘所有论争之后的结果是：敬畏上帝，遵循他的诫命，这就是人类的全部。’”可见tam的意蕴，更多的是圣洁和纯粹。因此，吉姆佩尔与普通傻瓜最根本的区别在于，吉姆佩尔将自己的轻信与逆来顺受与对上帝的信仰联系在一起，从而成为一个独特的、与所有“傻瓜”都不同的“神圣的傻瓜”。他的所谓的“傻”，其实不是真傻，而是一种仁爱和宽容，有“圣徒”般的高贵与纯洁。

美国大批评家、犹太人欧文·豪认为，吉姆佩尔身上那种令人难以忍受的卑微令天使们都感到罪恶与难堪，但他同时指出：“当傻瓜吉姆佩尔获得了戏剧性悲伤的光环，成为纯洁心灵的缩影时，读者必须弄清楚他与邦沙[1]的共同点与不同点。”

阿尔弗雷德·卡津在1958年的论文《希勒米尔般的圣徒》一文中指出：“吉姆佩尔本就是一个犹太传奇人物的代表——希勒米尔般的圣徒。这个受尽嘲弄与迫害的不幸民族再次在这个镇上的傻瓜身上体现出来……

① 邦沙是另一个东欧意第绪作家皮里兹笔下的人物。

吉姆佩尔是个犹太傻瓜。他的傻是因为他的一派天真，他的傻也是因为他明知自己受骗，却为了他人的缘故而不顾个人的尊严。”按照这一评语，吉姆佩尔不仅不是傻瓜，而是“毫不利己，专门利人”的圣徒。

保罗·克拉舒将吉姆佩尔视为“最完美的犹太人，受尽奚落、嘲骂，被剥夺、驱逐，却只愿等待来世的回报，而不想对折磨他的人进行报复”。

但·米伦则认为：“吉姆佩尔并不像欺压了他整整一生的人们所相信的那样是个傻瓜。他看穿了他们的谎言。然而他接受这些现实，因为他知道他的任何反击都只能加重邪恶与苦难。”因此，吉姆佩尔是典型的犹太人的代表——没有土地、没有保护、没有政治文化同盟、没有声望，是真正的弱者与受害者的代表。

卡津说：“这个故事的最后一段，吉姆佩尔死前平和宁静的深思十分优美。它概括了犹太人对包围着人类命运的神性的所有感悟，也是我所见到的最动人的信仰声明。而这一切又表现得那么优雅、机智，含蓄迷人，几乎可以视之为对人类忠诚本身的礼赞。‘毫无疑问，这个世界完全是个幻想的世界，但是它同真实世界只有一步之遥……另一个要饭的等着继承我的草垫。时间一到，我就会高高兴兴地动身。不管那儿会有什么，一切都将是真实的。那儿没有纠纷，没有嘲弄，没有欺骗。

赞美上帝：在那儿，连吉姆佩尔都不会受欺骗。'……辛格以他模棱两可的技巧表达了我们这一代人的心声。吉姆佩尔在幻想中，在梦中，赢得了信仰，给这个美妙精巧的故事抹上了一层滑稽与反讽色彩。这种对梦境的关注，这种人与神性关系的永恒的含混不明——正是我们这一代人首先拒绝了宗教教条，而后又拒绝了科学物质主义之后重视的状态。……这种微妙的观念将辛格与今天的其他富于想象的人们联系起来：人在即使知道自己的信仰很荒唐的情况下依然相信，但他所相信的只在一个想象的层面。"①

保罗·西格尔也指出："吉姆佩尔与这一典型的其他代表人物（意第绪语文学和其他文学中的傻瓜）的不同之处在于他表达了创作者个人积累已久的信仰与怀疑的混合。正是这种混合成为小说中随处可见的反讽源头。……想继续寻求真理，也意识到这种寻求不可能获得真理；要选择信仰，又意识到从理智上讲，这种选择抵挡不了无信仰者的反驳——这一切都隐藏在《傻瓜》的故事背后。"②

露丝·维西将吉姆佩尔视为大屠杀后少见的信仰傻

---

① Kazin, The Saint as Schlemiel, 65.

② Paul N. Siegel, "Gimpel and the Archeype of the Wise Fool", in The Achieuement of, 161.

瓜。她说："希勒米尔被辛格提升到了极致，他否定一切理性的区别，甚至否认生命的局限，决心保留完全的人性。"[①]

爱德华·亚历山大则将吉姆佩尔的轻信与犹太人对民族危机的可能性的关注联系起来。他说，多数大屠杀的目击者和幸存者都宣称，当初是他们对"人类"和"世界"的信仰使他们无法相信所面临危险的真实性。因此，他认为："辛格写作《傻瓜》正是由于他对大屠杀的了解而不是由于他对大屠杀置之不顾。……因为吉姆佩尔就是一个坚持要相信一切的人物。他对常识听而不闻，因为这种常识由于鼓励犹太人'以自由的推理摒除那些本质上不可信的东西'，因而对大屠杀的指定牺牲品是最为致命的。吉姆佩尔也许会说，如果你不相信那些要把犹太人从地球上驱逐出去的民族，那么你就会什么也不相信。"[②]亚历山大这里所谓"常识"指启蒙运动以来所推崇的理性、逻辑，大屠杀前，受过启蒙的犹太人按照理性主义、逻辑推理，无论如何也想象不出希特勒有灭绝全世界犹太种族的想法。

在世纪末，艾丽丝·凯明斯基再次指出："有一点毋庸置疑：吉姆佩尔成为了希勒米尔式幽默转化为宗教

---

① Wisse, The Schlemiel as Modern Hero, 79.

② Alexander, Isaac Basheris Singer, 143-146.

顿悟的最高典范。”[1]

综上所述，吉姆佩尔生活在一个听魔鬼话的人居多，而听上帝话的人为少数的世界。他因为自己的信仰从而心安理得地变成一个真正“心灵幸福”的“傻瓜”，这究竟是生存的大智慧，还是阿Q式的“精神胜利法”，值得我们每一个人思考。

① 《上帝是谁：辛格创作及其对中国文坛的影响》，傅晓微著，人民文学出版社2006年10月版，第268-269页。

四、“傻瓜哲学”的法眼旁观

《判决》是卡夫卡的代表作，是他 29 岁时邂逅女友费丽丝·鲍尔，一晚上不睡觉赶出来题献给她的。小说中，蛮横多疑的父亲不许儿子结婚，竟然“判决”儿子投河而死。而刚刚订婚的儿子果然“冲下楼梯……跃出大门，穿过马路，向河边跑去……像饿极了的人抓住食物一样紧紧地抓住了桥上的栏杆……”

在卡夫卡的眼中，父亲不仅仅是生活中的真正父亲，还象征着力量巨大的黑暗势力或“草菅人命”的昏聩法官。而在赫尔姆的傻瓜故事中，也不乏这样荒唐可笑的司法“判决”。

在《赫尔姆的公正》一篇中，这样描写一个“法官”：

一场大灾难降临到赫尔姆。镇上的补鞋匠谋杀了他的一个顾客，于是他被带到法官面前，法官判处他绞刑。

当正在宣读判决书的时候，镇上的一个人站起来叫道：“请你等一等——如果你判决补鞋匠死刑，他是我们镇上唯一的补鞋匠，你绞死他，谁给我们补鞋？”

“谁？谁？”赫尔姆的人异口同声地喊。

法官同意地点点头，重新考虑判决。

“赫尔姆的好人民，”他说，“你们说得对。既然我们只有一个补鞋匠，那如果让他死了，对我们很不方便，所以就把我们镇上修屋顶的两个人绞死一个吧！”

法官为什么要判决“修房顶的两个人”中一个人死刑呢？仅仅因为一条理由，“既然我们只有一个补鞋匠，那如果让他死了，对我们很不方便”，而真正的杀人犯补鞋匠却逍遥法外。为什么法官起先判处补鞋匠绞刑，而紧接着又在“二审”时改判了呢？仅仅因为在宣读判决书时，镇上的一个人站起来反对，理由是：“他是我们镇上唯一的补鞋匠。你绞死他，谁给我们补鞋？”而这赢得了赫尔姆人民的共鸣。于是，两个修屋顶人中的一个便成了“替罪羊”，这桩案件便成了“史上最荒唐的谋杀案”。

美国联邦大法官、犹太人卡多佐在《司法过程的性质》中写道：

> 法官依据理性和正义而宣告法律的义务，这被视为是他依据习惯宣告法律的义务的一个阶段。通过他的命令，他就要实施的是正常男人和女人的习惯性道德。一种法学，如果不是不断与一些客观的或外在的标准相联系，就会引出衰退为德国人称之为“情感法学”——一种仅仅是情感或感觉的法学——的危险。斯塔姆勒说，一个司法判决“应当是一个客观上正确的判决，并且没有主观和随意的看法；是一个裁断而不只是一个个人性的命令”。[①]

很显然，那个法官的判决是一个“随意性的判决”，是一个顺从大多数群众的意志，但明显违背法律精神的“情感断案”，既不符合程序公正，也不符合实质正义。按照卡多佐的观点，“许多案件应当由法院依据正确与错误的观念来判断……而他的正确与错误的观念又不同于这个社区的观念”。因此，逻辑、历史、习惯、效用以及为人们接受的正确行为的标准是一些独自或共同影响法律进步的力量。在某个具体案件中，哪种力量将起支配作用，这在很大程度上必定取决于将因此得以推进或损害的诸多社会利益的相对重要性或相对价值。最基

---

① 《司法过程的性质》，[美] 本杰明·卡多佐著，苏力译，商务印书馆 2007 年 7 月版，第 66 页。

本的社会利益之一，就是法律应当统一并且无偏私。在法院的活动中，一定不能有偏见或偏好，一定不能有专断任性或间歇不定，尤其是不能“情感断案”或“随意判决”，否则就会玷污法律的尊严。

犹太法学家哈罗德·伯尔曼说：“法律必须被信仰，否则它将形同虚设。”所以，一旦在司法过程中法官专断任性或完全顺应民意，法律自然形同虚设。伯尔曼说：“法律不只是一整套规则，它是人们进行立法、裁判、执法和谈判的活动。它是分配权力与义务，并据以解决纷争、创造合作关系的活生生的程序。”因此公正的法律有助于为社会提供维持其内部团结所需要的结构和完型。法律以稳定性制约着未来，并因其仪式、传统、权威和普遍性强化民众的法律情感：权利与义务的观念，公正审判的要求，对适用法律前后矛盾的反感，受平等对待的愿望，忠实于法律的强烈情感，从而推动人们对终极正义性的信仰。如果法律主要是推行统治者政策的手段，从长远的历史过程来看，则容易丧失公信力和施行正义的能力。反之，法官在作出一项判决的时候，并不是在宣明真理和正义，而完全是在进行一场解决问题的试验或变成一场纯粹的实用性人类活动，就会导致法律丧失神圣之渊源和永恒的有效性。

赫尔姆的法官表面上是为了顺应民众的要求或符合

社区的利益，但实际上是非正义的。正如英国犹太法学家哈特在《正义的原理》一文中所言："我们的确有很充分的理由相信，在对法律制度的批评里，正义占有很重要的地位；然而我们仍然要注意，正义是道德的一个特殊的切面。法律及其执行可能拥有或缺少某些美德。当我们反省道德判断的共同类型时，很少注意到正义的这个特殊性质……潜藏在正义观念的这些不同用法的一般性原理在于，每个个体都有权要求平等或不平等之某种相对地位。"[①]很显然，随意性的判决既不符合法律的正义性原则，也剥夺了"修屋顶"之人拥有平等之生命权。侵犯任何人的权利都是不正当的。每个人因此拥有不得侵犯他人权利的义务，权利对等，义务也是对等的。为什么每个人都要拥有平等的权利呢？因为没有权利就不可能存在任何人类社会。敬重人类生命权利的原则主要有两个内容：第一，任何人不得被任意杀戮；第二，任何人的生命不得遭受不必要的危险的威胁。这是一项现代社会的基本人权，正义和道德要求每个人公平地享有它们。良法保护每个人的权利，以便使其能够更好地尽道德义务。法律推动道德的发展。

美国学者约翰·罗尔斯在《正义论》一书中指出：

---

① 《法律的概念》，[英] H.L.A. 哈特著，许家馨、李冠宜译，法律出版社 2006 年 6 月版，第 151-152 页。

> 正义是社会制度的首要价值，正像真理是思想体系的首要价值一样。一种理论，无论它多么精致和简洁，只要它不真实，就必须加以拒绝或修正；同样，某些法律和制度，不管它们如何有效率和有条理，只要它们不正义，就必须加以改造或废除。每个人都拥有一种基于正义的不可侵犯性，这种不可侵犯性即使以社会整体利益之名也不能逾越。因此，正义否认为了一些人分享更大利益而剥夺另一些人的自由是正当的，不承认许多人享受的较大利益能绰绰有余地补偿强加于少数人的牺牲。所以，在一个正义的社会里，平等的公民自由是确定不移的，由正义所保障的权利不受制于政治的交易或社会利益的权衡……作为人类的首要价值，真理和正义是绝不妥协的。①

何谓正义？当拿萨勒人耶稣面对罗马总督彼拉多之际，他坦承自己是王，他说："我为此而生，为此来到尘世，我来为真理作见证。"然而当彼拉多问及"何谓真理"时他却并未回答。耶稣生来是为正义作见证的。他也是为正义才赴死于十字架之上。"真理"和"正义"早已成为神学和哲学永远要回答的千古难题。另一个犹

① 《正义论》，[美] 约翰 · 罗尔斯著，何怀宏等译，中国社会科学出版社 1988 年 3 月版，第 1–2 页。

太人凯尔森在《纯粹法理论》一书中给出了自己的答案，他认为："正义，首先是调整人际关系之社会秩序可能而非必然之品质，其次才是人之德行……换言之，人人皆能于此社会秩序中获得幸福。对正义之追求即人类对幸福之永恒渴望……正义即社会幸福，幸福由社会秩序保障。"[①]在柏拉图看来，正义便是幸福。

他主张唯公正者幸福，而不公者只会不幸。因此，当赫尔姆的法官不经任何法律程序就将一个无辜的"修屋顶"者送上绞刑架时，已经丧失了公正，也给这个人带来了巨大的不幸，从而使公共利益淹没了私人的权利，这为整个社会的不幸拉开了序幕，从此什么荒唐可笑和不道德、非正义的事都有可能在赫尔姆发生，这个"傻瓜哲学"是对整个人类司法公正的隐喻和嘲笑。

艾·辛格的另一篇小说《赫尔姆的笨伯们和蠢鲤鱼》再一次提供了佐证，故事说：在赫尔姆，每逢安息日，家家户户都要吃鱼。一个周四的早晨，赫尔姆的长老蠢牛收到了一份特别的礼物——愚翁为他送来了一条活蹦乱跳的大鲤鱼。结果，当长老俯身观察鲤鱼时，却被鲤鱼的尾巴打了一耳光。这还了得，必须使这条愚蠢的鲤鱼受到惩罚，人们想了很多惩罚鲤鱼的残酷办法，但长

---

① 《纯粹法理论》，[奥]凯尔森著，张书友译，中国法制出版社 2008 年 12 月版，第 140—141 页。

老都不满意，他要对这个案件从容考虑。在他认真研究案件的过程中，判决一拖再拖，为了不使“罪犯”在受刑前死掉，有人专门为这条鲤鱼弄来一个大木盆，并由专人换水和喂养。大约半年后的一个早晨，长老终于公布了判决，判决书上说要把鲤鱼活活淹死。处决那天，整个赫尔姆的人都在湖边观看执行死刑的盛况，当那条鲤鱼——比半年前肥大了一倍，被刽子手猛地投入湖中时，赫尔姆人沸腾了：“打倒造反的鲤鱼！长老万岁！万万岁！”但是，对“领袖”的英明才智持怀疑态度的人也有，万一这条鲤鱼淹不死怎么办呢？为了保险起见，赫尔姆之贤能们下了这样一道命令：如果那条可恶的鲤鱼抗命逃生，再度被捕的话，那就要修一座专门监狱——一个大水池，叫它在那儿服无期徒刑。这道命令被用大号字登在赫尔姆的官方公报的头版头条。

赫尔姆的执法者们，太聪明了！

五、“傻瓜哲学”的现实意义

艾·辛格的小说，不仅塑造了吉姆佩尔这样的“傻瓜”形象，还塑造了阿策尔、施勒米尔和杰泽尔这样的“傻瓜”形象，他们为我们理解真实的世界打开了另一扇窗户。

阿策尔是犹太富翁卡迪什的独生儿子，是一个长相非常英俊的“傻瓜”。有一天，他突然得了一种怪病，他想象着自己死了。为什么会得这种病呢？这和他家的老保姆从小老给他讲天堂的故事有关。保姆常对他说：在天堂里，不用工作，不用学习，吃的都是野牛肉和鲸鱼肉，喝的都是玉液琼浆，人们一觉就睡到大天亮，整日悠闲自在。

阿策尔是典型的“富二代”，讨厌早起，讨厌上学。他知道有朝一日总要接替父业，所以他乐意过养尊处优的生活。老保姆对他说，通向天堂的唯一道路是死，越快越好。没多久，他便想着自己的确已经死了。

阿策尔的父母眼见着自己的儿子整日茶不思，饭不想，沉默寡言，心中非常焦虑。而且，阿策尔还动不动就说：“你们为什么还不埋葬我，我已经死了嘛。就是因为你们，我才进不了天堂。”

富翁卡迪什找来许多医生给儿子看病，想方设法让阿策尔相信自己还活着，但是却不见效果。后来找到一位见识非凡的约茨博士，他对卡迪什说："我保证8天之内把你的儿子治好，但你们必须按我说的去做。”卡迪什和家里的所有人都答应一切照办。

约茨博士被领到阿策尔的房间，指着阿策尔大声说道："你们干吗把一具尸体留在家里？为什么不举行葬礼呢？”阿策尔的父母惊恐万状，但阿策尔的脸上却露出了微笑，嘴里说道："你们瞧，我说对了吧。”一激动便跳下床来，手舞足蹈，肚子也饿了，开始要东西吃，但是约茨博士对他说："等着吧，葬礼马上开始，你将在天堂里吃饭。”

有一间屋子，布置得像天堂一样，佣人们穿着白色的衣服，背上插着翅膀，扮作天使。

阿策尔一觉醒来，发现到了一个陌生的世界，于是过了几天天堂的生活。那真是衣来伸手，饭来张口，而且不分白天还是黑夜，既没有牛奶，也喝不到咖啡，每天只有鱼肉和各种水果。在天堂里每个家庭都有自己的住房，并且互不走动，从一家走到另一家需要数千年。于是，阿策尔万分孤独，开始想念父母和自己的亲人。就连头一天吃得津津有味的美酒佳肴，现在也使他大倒胃口。

一位天使安慰他说："人生在世要学习和工作，而这里的一切都唾手可得。"

"永远待在这里，我真想自杀。"阿策尔沮丧地说。

"死人是不能自杀的。"另一位天使说。

到了第八天，阿策尔已绝望到了极点，有人告诉他："少爷，原来弄错了。还不该你死，你必须离开天堂。"

等阿策尔睁开眼睛的时候，全家人正在那里热烈地迎接他呢。那天，天气晴朗，阳光通过敞开的窗户照进屋子，微风从周围的田野和果园里吹来，带来清新的空气。外边的花园里，鸟儿在歌唱；蜜蜂嗡嗡地叫着，从一朵花飞向另一朵花。柴草房和马厩里传来了牛的哞哞声和马的嘶鸣。阿策尔说的第一句话就是："活着太美好了。"

看来，只有那些贫穷的人才渴望天堂，那些衣食无忧的人最后只好下地狱了。那么，真正的天堂究竟是个什么样子，谁也说不清楚。

施勒米尔和阿策尔的情况可大不一样了，他必须通过经商去赚钱谋生。有一天，他去市场买了一只山羊，羊的奶子鼓鼓的，充满奶水，他在羊的脖子上拴了根绳子，便牵着回赫尔姆。

回去的路上，他在皮阿斯克村歇脚。这个村的人惯于行窃，遐迩闻名，只是施勒米尔不知道罢了。他走进一家饭店去吃饭，把山羊拴在院子里的一棵树上。

为了使自己更像个生意人，他要了香醇的白兰地酒。过了一会儿，酒劲上头，便向店老板吹起自己的山羊来，他扬扬自得地说："真是只好山羊，结实健壮，正是产奶的时候。"无巧不成书，这个店老板就是一个大骗子，他正好有一只公山羊，瞎了一只眼，断了一只脚，瘦得皮包骨，于是悄悄地走到院子里，用他的羊换了施勒米尔的那只羊。施勒米尔尽想着如何发大财，醉意朦胧地解下拴羊的绳子，看都没看一眼就拉着自己的羊往家走。

施勒米尔一进门，就夸起了自己的山羊，结果人们却大失所望。施勒米尔也大吃一惊，认定是卖羊的人骗了他，一晚上没睡觉，第二天又出发了，准备好了要教训卖羊的一顿。

施勒米尔又路过那家饭店，并对店老板说，他在卢布林上当受骗了，要找卖羊的人换羊。如果卖羊的人赖账，他就去找警察评理。店老板和警察经常打交道，不想再惹麻烦，便偷偷地换回了自己的公山羊。

施勒米尔找到卖羊人，威吓卖羊人，卖羊人感到莫名其妙，说自己的山羊没问题。等施勒米尔牵羊再次路过那家饭店时，又兴奋地要了杯香醇的白兰地。店老板决定再骗一次施勒米尔，故意白送一杯酒给施勒米尔喝，随后又偷偷调换了山羊。

施勒米尔醉意朦胧，几乎看都没看一眼山羊又上路了。等他回到赫尔姆时，消息不胫而走，全镇人议论纷纷。长老们冥思苦想七天七夜，终于得出了结论：从卢布林买母羊回赫尔姆，母羊在路上会变成公羊。因此，宣布禁止镇上居民到赫尔姆买羊。

施勒米尔买山羊的生意失败后，又改做其他生意，仍然上当受骗，还烧毁了岳父的房子。但他并不死心，开始在赫尔姆经销自己爱喝的白兰地。有一天，卖了 3 个兹罗提后，就无人问津了。寒风中，他拿着钱对妻子说："谁的钱不是钱，3 个兹罗提给你，我也来一杯香醇的白兰地。"他妻子眼馋，把钱递给了他："我也来一杯白兰地。"于是，你一杯我一杯，桶里的酒去掉了一大半，而他们挣的钱还是手里的那 3 个兹罗提。

施勒米尔和妻子怎么也弄不明白，这次问题出在哪儿呢？不管他们怎样绞尽脑汁，还是搞不明白。他们卖了差不多一整桶酒，收的又都是现款。但是钱到哪儿去了呢？

于是，施勒米尔经商发财的美梦就这样完全破灭了。施勒米尔的老丈人对施勒米尔算是彻底失望了。但施勒米尔常对妻子说："要是卢布林的母山羊没有变成老公羊，我现在也许是全镇最有钱的人。"他的妻子对他虽有抱怨，但还是对他说："也许你有点穷，但你很聪明。你的智慧在赫尔姆绝对是少有的。"

在一个道德败坏和法律失落的年代，到处都有骗人的陷阱，施勒米尔真是防不胜防啊。也许是他过于轻信别人，也许是他过于粗心大意，也许是他过于发财心切，所以才连续受挫。好在他的妻子非常理解他，认为他敢于创业，是整个赫尔姆最聪明的人。有这样良好的心态，自然可以坦然面对一切失败。

那么，要想发大财，自然就要模仿那些成功者。杰泽尔就是这样的人，虽然他比自己模仿的对象布罗特尔还要有钱。布罗特尔高大英俊，黑胡子整整齐齐，有时候骑着马儿从镇上经过，坐在马鞍上笔挺笔挺的，就像一位哥萨克。

布罗特尔说波兰话像波兰人，说俄国话像俄国人。他还会弹钢琴，懂德文，也懂法文。有一次出去打猎，还打死过一只狼。沙皇访问他们这儿的时候，布罗特尔亲自前去迎接。他张口只说了三个字，沙皇就哈哈大笑。后来同沙皇下了一盘棋，布罗特尔赢了，后来还接受了一枚从彼得堡送来的金质奖章。再后来，布罗特尔破产了，他老丈人的财产让他败个精光，债台高筑。

杰泽尔是个白手起家的小气鬼，为了模仿布罗特尔，专门去裁缝那里定做了一件布罗特尔穿的那种大衣，配上宽大的狐皮领子，还要带上尾巴。杰泽尔长得又矮又粗，活像一只桶，并且还有点结巴，但他一心想做布罗特尔第二。他也置了一辆马车，从市场乘到厂里，又从厂里乘到市场。他见了妇女就献殷勤，见了 12 岁的小孩儿也要脱帽致意。人家当着他的面都会忍不住笑出声来。

杰泽尔说起话来，也开始用波兰语，还不时冒出几句德语。紧接着，他开始打听布罗特尔吃什么、穿什么，甚至还打听他穿什么裤衩，并开始追逐妇女。有一回，人家婚礼举行了一半，他去勾引一个妇女，让人家的丈夫用鸡汤倒了他一身。杰泽尔向来不抽烟，突然之间抽起雪茄来了。有一次，在市场上碰到布罗特尔了，他对杰泽尔说："你要不要看我是怎么撒尿的？"他说的是粗话，镇上又添了一桩笑柄。

布罗特尔破产的时候，债主来了一大把，包括杰泽尔。妇女们骂他是杀人犯、强盗、骗子。新娘们叫嚷："你把我的嫁妆弄哪儿去了？"布罗特尔有一条狗，和狮子一般大，杰泽尔也弄了这么大小的一条狗，他们见面时，两条狗便相互厮杀。杰泽尔到布罗特尔家讨债时，手里也拿着一根拐杖，和布罗特尔那根一模一样。杰泽尔和布罗特尔进了一间密室，他可能买下了布罗特尔的所有财产，包括他的老婆。这工夫，债主们差不多把房子都闹塌了。杰泽尔豪爽地站了出来，当场给债主们付债，付了一笔又一笔，说话也不口吃了，腔调真像布罗特尔。这时候，布罗特尔也恢复了先前的魅力，说笑话，喝白兰地，还敬了杰泽尔一杯酒。布罗特尔的妻子真的嫁给了杰泽尔，布罗特尔原来的那幢房子做了嫁妆。布罗特尔呢？消失得无影无踪，一个卖掉老婆的人，在犹太人那里是得不到任何尊敬的。

艾·辛格说："我是害怕影子的。影子是仇敌，它一有机会就要报复。"没过几个月，杰泽尔也像他的偶像布罗特尔一样到处借钱并破产了，杰泽尔也像布罗特尔一样半夜里逃跑了。所不同的是，债主们结完账后，发现杰泽尔的财产还有剩余。那么，他为什么要逃跑呢？也是模仿布罗特尔吗？也有人说破产是假的，他是和一个女人私奔了。还会不会遇到另一个杰泽尔，连他的房产和布罗特尔的妻子也一块接管了呢？这又是一个谜。

第二章　黑暗中的温暖

——犹太文学大师的幽默

一个犹太人，只要还有一口气，感觉到血在血管中流动，就绝不能失去希望。

——肖洛姆–阿莱汉姆

世界是一座巨大的屠场，一个庞大的地狱……世界上有这么多苦难，唯一补偿的是生活中小小的欢乐和悬念。

——艾·辛格

只消看一看，我就看见人们拼命地捞钱。我看不见天堂，看不见圣者，也看不见天使。我只看见人们利用每一种正直的冲动，利用每一出人类的悲剧拼命地捞钱。

——约瑟夫·海勒

每一个美好的地方总是在日益恶化，所有的坏东西都变得更坏……我们根本就不是一个好社会。

——约瑟夫·海勒

一、“犹太马克·吐温”肖洛姆–阿莱汉姆的眼泪与笑话

肖洛姆－阿莱汉姆是最受读者爱戴的犹太作家和幽默大师，也是近代犹太文学中杰出的现实主义作家。他一生中共写了 300 多篇短篇小说，5 部长篇小说，以及一些剧本和评论。这些作品，在全世界凡是能读意第绪语的犹太人，几乎没有没读过的，仅俄国的销售量就达

500多万册，美国出版有28卷本及各种单行本。人们称他为“犹太的海涅”“犹太的狄更斯”“犹太的契诃夫”或“犹太的马克·吐温”。高尔基则称他为一个“才能非凡的讽刺家和幽默家”，认为他的作品怀有“对人民崇高、深厚而真挚的爱”和“辛酸而感人的幽默”。1905年，他到达美国时，马克·吐温去迎接他，自称“我是美国的肖洛姆－阿莱汉姆”。1959年，中国首都北京文化界举行世界文化名人肖洛姆－阿莱汉姆诞生一百周年纪念会，茅盾先生等在讲话和撰文中，都对他作出了很高的评价。2001年12月，全美意第绪语中心召集来自世界各地的评委，遴选18世纪以来的100部最优秀的犹太文学作品，肖洛姆－阿莱汉姆的《卖牛奶的台维》独占鳌头。

肖洛姆－阿莱汉姆原名肖洛姆－拉比诺维奇。1859年生于乌克兰的彼莱耶斯拉夫。从小就家道中落，备尝生活困顿的滋味；母亲在一次流行的霍乱中死去，之后长期受后母虐待。于是，不得不帮助父亲料理开设的小客店，天寒地冻时去招徕旅客；自己还没有从教会学堂毕业，就去谋求职业，做家庭教师……这种艰苦而悲惨的生活，在他的作品中都有充分的体现。

肖洛姆－阿莱汉姆从20岁（即1879年）起，开始了长达36年的文学生涯。1883年，他的处女作《两块石头》一经发表就引起了文学界的关注。肖洛姆－阿莱汉姆是他的笔名，是“愿你平安”的意思。从此，他声名鹊起，连续出版多部作品，其中书信体小说《美纳汉－曼德尔》，中篇小说《卖牛奶的台维》等，受到世界文坛的一致好评。

尤其是根据他的《卖牛奶的台维》改编的音乐剧《屋顶上的小提琴手》，截至 1991 年，在纽约百老汇帝国剧院累计上演了 3242 场，并在美国以外的 20 多个国家演出过。1971 年拍成电影后获当年 3 项奥斯卡大奖，是 20 世纪下半叶最受人喜爱的舞台音乐剧之一，被称为“沉重的乌克兰犹太人的移民史诗”。肖洛姆－阿莱汉姆的作品，主要以讽刺幽默的手法，反映沙皇俄国这个“多民族的监狱”里犹太人经受的种种歧视和迫害，以及他们自身愚昧守旧的可悲命运。所以，他的作品中充满着眼泪与笑话，是一种“含泪的笑”。正如高尔基给他的一封信中所言：“你的书我收到了。读过后，我笑了，也哭了。……这真是一本出色的好书，我非常喜欢。再说一遍，这是一本了不起的好书。全书都迸射着对人民的温暖、亲切而聪慧的爱的火花。在今天，这种情感是多么难能可贵啊。”

《卖牛奶的台维》的主人公叫台维，肖洛姆－阿莱汉姆以通信或台维自述的方式展开叙述。《运气来了》一篇是其系列中的第二篇。通过台维的一次巧遇而发迹的传奇故事来体现作者的人道主义情怀。一开头台维就对阿莱汉姆说：

> 《塔木德》说得好："你能牵马到水边，却不能叫马饮水。"一个人辛辛苦苦干活，累得要死，结果一场空。他还不如双脚一蹬，死掉算了。突然，谁也不知道怎么搞的，是怎么回事，钱从四面八方滚来了。正如书上说的："救济和援助将给予犹太人。"这个就不用我来对你解释了，我们俩，对这一点应该是清楚的：一个犹太人，只要还有一口气，感觉到血在血管中流动，就绝不能失去希望。我从自个儿的经验里，从上帝为我安排的眼前这种生活方式中，明白了这一点。要不然，我怎么会突然间来卖干酪和黄油呢？即使做最荒唐的梦，我也没梦

见自己是个卖牛奶的人啊。[1]

不管生活多么悲惨，台维总是非常乐观。他和他的老婆孩子一天饿三顿，像一匹马那样干活，把装木头的大车拉到火车站，他自己也不好意思承认，一天只赚半个卢布，另外还有家里寄养的那头可怜的牲口呢？总不能拿一句《塔木德》上的引文来喂饱它们吧。但他心里老是想，主是怎么搞的啊？他是个伟大的、全能的上帝。他聪明而有条不紊地整理着他的小小的世界。他看到我那样地拼着老命挣一片硬面包，就对我说："台维，你认为已经没有什么值得你活下去了，世界已经到了尽头了吗？如果你这样想，那你就是一个大老粗。你马上会明白：只要我高兴，命运的轮子一转，你就会走运，本来黑暗得像个坟墓，不久将充满光芒……一个犹太人必须常怀希望，千万不可失望。再说，要是我们瘦得形销骨立的，那怎么行？因为我们是犹太人——是选民哪，是被世上羡慕的敬佩的人啊。"

上帝还是回报了台维，让他在帮助两个迷路的贵族女人后获得了丰厚的回报，尽管后来这笔钱又被他老婆的穷亲戚美纳汉－曼德尔搞金融投机亏掉了。肖洛姆－阿莱汉姆在"卖牛奶的台维"系列小说的第三篇《空中

① 《肖洛姆－阿莱汉姆幽默小说集》，汤真译，二十一世纪出版社 2007 年 5 月版，第 210 页。

楼阁》中描写了这个辛酸的故事，其中从台维口中说出的两句话，非常令人难忘：

不过我们有一句俗语："善跑的马也需要鞭子，聪明的人也需要忠告。"这句话我说的是谁呢？是我自个儿。如果当时我聪明一点，找一个好朋友，把一切情况如此这般地原原本本告诉他，当然，我就不会吃那样大的亏了。但是"生死全靠一张嘴"，就是说，如果上帝想要处罚一个人，他就会叫他丧失理智。我暗暗想过多少次："台维，你自己想想，你真是一头蠢驴！人家都说你不笨，你怎么会让人骗了？而且像一个十足的傻瓜……看起来眼红，人人都以为别人的金子在闪闪发光，可是走近一看——是颗铜扣子！"①

台维就像傻瓜吉姆佩尔一样，带给人"辛酸而感人的幽默"。肖洛姆通过这种反讽式、自嘲式的叙述，形成了自己独特的语言风格。例如，他在《空中楼阁》中，借美纳汉－曼德尔的嘴说出这样一句话："正如大卫王

① 《肖洛姆－阿莱汉姆幽默小说集》，汤真译，二十一世纪出版社2007年5月版，第225页。

所说，凡事都是虚空，世上没有真理，只有虚伪。至于说到健康，我的祖母说——愿她在天堂快活，她是一个聪明的女人！——健康和快乐，要在菜盘子里寻……利益在手边，而口袋在对岸……”而台维则这样自嘲：“正如《塔木德》里说的：‘不是老鼠偷的，而是洞……’付款的不是票据，而是人。呃，有什么办法？人家把我一只脚吊了起来——我自己也会把第二只脚凑上去的！”“熊没有了，树林也没有了！货没有了，钱也没有了——唯有灾难！”阿莱汉姆笔下的另一个嗜酒而又靠卖酒谋生糊口的穷人则说：“吃饭没有酒，就像吃东西没有牙！”“可那酒是什么酒呀，生活又是什么生活呀！酒不像酒，生活也不像生活，不过解决双方的问题罢了。”

不信吗，看一看阿莱汉姆的小说就知道了，祝你平安。

二、艾·辛格的“魔盒”[①]

“天地把存在过的一切都消灭殆尽，化为尘埃。唯有那些清醒时做梦的梦想家，透过稀疏的网唤回昔日的幻影。”[②]这是瑞典文学院常务秘书拉思·吉兰斯坦教授在1978年给艾·辛格的诺贝尔文学奖颁奖词中的第一句话。艾·辛格这位“伟大的寓言家和短篇小说大师”[③],也被誉为“当代最会讲故事的小说大师”。正是他，写出了《傻瓜吉姆佩尔》和《市场街的斯宾诺莎》等短篇小说名篇，挽救了一种行将衰亡的古老文化，“保留了东欧犹太即将消失的传统”[④]，从而以“充满了激情的

① 本文同时作为《艾·辛格的魔盒——艾·辛格短篇小说精编》一书的序言，署名亚伯拉，中央编译出版社2006年6月版。

② 《魔术师·原野王》，[美]艾·巴·辛格著，陆煜泰等译，漓江出版社1992年2月版，第480页。

③ 《二十世纪美国小说史》，傅景川著，吉林教育出版社1996年4月版，第404页。

④ 《诺贝尔文学奖获奖作家谈创作》，王宁主编，北京大学出版社1987年4月版，第463页。

叙事艺术”，反映和描绘了“人类的普遍困境”[①]。

打开“艾·辛格的魔盒”，不仅储藏了非常神奇和扑朔迷离的故事，而且储藏了来源于犹太神秘主义的大量童话、轶事、智慧、迷信和往昔数百年的记忆。传统与变革的碰撞，自由思想和来世与虔诚的较量，以及古老家族被时代的瓦解和分化，给艾·辛格的文字插上了翅膀，幻化出无穷的想象力和洞察力，创作了一个小天地和一群栩栩如生的人物。在这些奇特的作品中，妖魔鬼怪和幽灵，以及各种来源于犹太大众信仰宝库或他自己想象的地狱和超自然的力量，成了激情和癫狂的化身，以及实实在在的力量。在辛格的魔盒中，中世纪似乎又重新获得了生命，平庸与奇迹并存，现实与梦幻共生，昔日的血在悄悄流动，让人在阅读中难过但又不乏刺激和启示。他的作品中的许多角色以无可非议的资格步入了文学的伟人祠，那里生活着神话般的人物和永恒的伙伴，悲惨奇异的，有趣而动人的，命定而美妙的——各种既欣悦又痛苦，既卑劣又崇高的人[②]。

1904 年 7 月 14 日，艾萨克·巴什维斯·辛格出生于当时在沙俄统治下的波兰拉齐米思的一个犹太人的家

① 《当代美国小说研究》，黄铁池著，学林出版社 2000 年 6 月版，第 228 页。

② 《艾·辛格的魔盒——艾·辛格短篇小说精编》一书，亚伯拉编，中央编译出版社 2006 年 6 月版。

庭里，他的祖父和父亲都是犹太教的拉比[①]，属于狂热的哈西德虔信派[②]。辛格4岁时，全家迁往华沙，住在一个贫民区，使他有机会观察城市贫苦劳动人民的生活。辛格从小接受了正规的犹太教育，后来又被送到犹太神学院读书，学习希伯来文和意第绪语。他的外祖父也在波兰东部的卢布林省的一个小城比尔戈雷当拉比，辛格在那里曾住过三四年[③]。他还在专门培养拉比的经院里读过书，从小就对犹太教的经典、宗教仪式、风格习惯、华沙及周边地区的犹太小镇的风光非常熟悉。[④]这种经历直接影响到他后来的生活创作道路。他后来回忆这段生活时写道：

> 那是一个非常守旧的村庄，多少年以来，那里就没有发生过多大变化。在那个村庄，几百年前的老传统仍然存在。村庄附近连铁路也没有。假如没

---

① 拉比，犹太教中主管宗教和世俗事物的长老，精通宗教和法律。拉比不是由宗教权力机构任命的，而是由犹太教教徒或犹太人社团推选的。犹太教没有统一的中央拉比院。

② 哈西德派，犹太教的一个派别，虔信律法，反对接受希腊文化，出现于基督教兴起之前。

③《魔术师·原野王》，[美]艾·辛格著，陆煜泰等译，漓江出版社1992年2月版，第2页。

④《卢布林的魔术师冤家，一个爱情故事》，[美]艾·辛格著，鹿金等译，上海译文出版社2001年8月版，第1页。

有那一段生活体验，我也许仍然可以写出《莫斯卡特家族》一书，但是却绝对写不出《撒旦在戈雷山》一书和其他许多短篇小说来。[1]

正是他的出身和独特的经历，使他的创作之根深深地插入了故乡生活的土壤。他后来说："……我文学的金矿就是这条街[2]。我（在写作时）一趟又一趟故地重游，因为我感到那儿仍然有我没有用完的宝藏……一个作家必须要有根。作家的根扎得越深，他取得成就的能力就越大。"[3]

艾·辛格的文学启蒙老师是比他大 11 岁的哥哥[4]，当时他和父亲经常在家里辩论。他哥哥振振有词地质问："您有什么真凭实据可以证明全能的上帝在西奈山向摩西显过灵？基督徒有他们的经典，伊斯兰教徒也有他们的经典，如果我们说他们的经典靠不住，那么我们怎么知道我们自己的经典是靠得住的呢？"他还说："住在犹太小镇上的那些居民是多么贫困和浅薄，他们除了《塔

①《辛格短篇小说集》，外国文学出版社 1980 年 9 月版，第 1 页。

② 指华沙的克鲁奇玛娜街，1908 年至 1917 年间，辛格曾随父母在此地住过。

③ 参见鲍尔·克拉舒：《艾·辛格：西 86 大街上的魔术师》一书。

④ 艾·辛格的哥哥名叫伊斯雷尔·约瑟夫·辛格，著名的意第绪语小说家，是当时东欧当代派犹太文学运动的领导人之一。

木德》外什么也不学习。整个世界都在进步，而犹太人仍然生活在中世纪。”每一次辩论，艾萨克总是在一旁默默地听着，他哥哥的话深深地印在了他的心里。每一次辩论，他的父亲总是高声喊叫，大骂他哥哥不信宗教，是个邪恶的人。艾萨克认为，哥哥的话“句句都非常有力量”，而父亲的辱骂正好证明他理屈词穷。在他哥哥的影响下，辛格在 12 岁时就偷偷阅读了俄国作家果戈理的《死魂灵》和陀思妥耶夫斯基的《罪与罚》等小说，立志当一名作家，而放弃了做拉比，并于 15 岁时就开始用希伯来语写作[①]。17 岁时，他开始用意第绪语写作；两年后，他为一个意第绪语文学刊物当校对。在华沙，他虽然过着艰苦的生活，却很早就发表了长篇小说《撒旦在戈雷山》，还早在 1919 年就翻译了另两位犹太作家托马斯·曼的《魔山》和雷马克的《西线无战事》，这为他后来的创作奠定了坚实的基础。

在当时的华沙及东欧，大部分犹太作家仍以写犹太人的生活和宗教传统为主，辛格决定成为一个写世俗题材为主的作家，意味着他和传统道路的决裂，也和他的家庭及文化信仰发生了冲突，这一决定使他的父母非常震惊。他们认为，去当一名世俗意第绪语作家无异于变成一名异教徒，尤其是他在步他哥哥的后尘，对父母来

① 《美国小说发展史》，毛信德著，浙江大学出版社 2004 年 11 月版，第 373 页。

说是一场悲剧。但是，他也将父亲的许多忠告深深铭记在心里。父亲认为，即使是非宗教文学，也不应该歪曲现实，因为每一位作家真正的使命就是讲真话和传送真理。另外，你可以不信仰上帝或摩西，但凡事要讲伦理，大作家应该是大伦理家。歪曲现实的作家虽然会扩大他们的影响，但永远创造不了伟大的艺术品，而且总是将伦理弄得不伦不类[①]。令辛格的父母深感欣慰的是，他的弟弟后来终于圆了他父亲的梦，成为一名拉比。

1935 年,他哥哥从美国给他寄来了宣誓书。从此后，辛格移居美国，作为一名自由撰稿人为意第绪语报《犹太前进日报》写书评、散文和小说。1940 年，他娶了一名美国德裔犹太姑娘阿尔玛。1943 年，入美国籍。刚去美国时，由于身处异域，又不懂英语，辛格感到非常困惑和沮丧，大约有 10 年没有文学创作的热情，只能靠《犹太前进日报》上发表的小文章的微薄稿费维持生活，过着穷困潦倒的生活。1945 年后，他用意第绪语创作的长篇小说《莫斯卡特一家》开始在《犹太前进日报》连载，3 年后，他走上了一条饮誉世界的创作之路，先后有《庄园》《地产》《卢布林的魔术师》等 8 部长篇小说和《市场街的斯宾诺莎》等 7 部短篇小说集，以及 2 个

① 转引自美国《林萨路》杂志编辑理查德·伯金采访辛格的《辛格访谈录》。

剧本、3部回忆录、11部儿童故事集，共30多部著作出版，直至获诺贝尔文学奖。

辛格的作品中，最具特色的是他的短篇小说。在他已发表的近200篇短篇小说中，大约可以分为两类：一类是描写生活在美国和波兰的讲意第绪语的犹太人，刻画了他们“独特环境中的独特性格”；另一类描写幽灵世界，对上帝、撒旦、妖魔鬼怪、天堂、地狱、灵魂等作了离奇曲折和寓意深刻的描绘，充满着浪漫神秘色彩，堪称真正的“艾·辛格魔盒”。经常出现在他作品里的是：拉比和罪人、知识分子和傻瓜、理性主义者和神秘主义者、企图拯救世界的人和宿命论者、虔诚的犹太教徒和渎神者，以及鬼怪幽灵等。所以有的评论家说：“通过辛格的故事，活人和幽灵方便地来往着。”他的儿童故事也写得相当成功，文笔隽永，富于哲理，曾经获得美国全国图书奖。

辛格的文学观与现代派作家的文学观迥然不同。他推崇景仰托尔斯泰、狄更斯、莫泊桑、福楼拜和契诃夫等现实主义大师，认为他们的作品才是真正优秀的文学。他反对乔伊斯等现代派作家的极端做法，认为他们的作品只是写给教授和学者们看的。此外，他在承认萨特、弗洛伊德等人的“天才”的同时，对他们的一些理论也表示了非议。在谈到小说创作时，辛格认为，小说必须叙述故事，而小说家则首先应是一位善于讲故事的大师；技巧固然重要，但作品的形式必须服从内容的需要，从而达到内容与形式的统一；优秀的作品即使经过一道翻译，仍可保持其艺术精华。他后来在和理查德·伯金的对话中说道：

> 文学不是由什么时候都把目光集注于自己的作家去充实的。而由只能把目光投向其他人的作家去充实。对于别人的所作所为领悟得越多，你对自己就了解得越多。现代派作家所做的实验全都是在形式方面做文章，跟他们所谓的形式，跟那些无聊的事打交道——对一首诗不要加标点啦，签名用大写字母还是用小写字母啦，这真是毫无价值。我对自己说，为什么他们不过问他们身在其中的人类的海洋呢？那里有无数的故事和奇珍异葩在流动啊！我正是在那里进行我的实验的——在那间人类的实验室里，不是在一张纸上。[①]

辛格虽然是一位高产作家，但他的创作态度非常严肃，他曾经概括地指出，只有同时具备如下三个条件，他才开始讲述自己的故事：

① 引自《辛格访谈录》。

一、故事有悬念和情节，必须引人入胜。

二、必须有激情写好这个故事，而且不写不行。

三、必须确信，只有自己是唯一能够写好或写出这个故事的人。

他认为，故事必须让情节说话。如果一个小说家试图从心理学和社会学的观点去解说作品，会使作品短命。他主张写得明确、可读和有趣，不喜欢西方文坛中晦涩的意识流。在他看来，一个世纪中有一个乔伊斯、一个卡夫卡、一个普鲁斯特、一个福克纳就够了，不需要那么多的意识流作家。他说："我们这个时代的小说作家，如同其他任何时代的作家一样，广义上必须是精神娱乐的提供者，而不要光做社会及政治理想的说教者。枯燥无味的文选没有极乐天堂可言，而对那些不能激发兴趣、振奋精神，不能让读者感受到真正艺术所赋予的欢愉超脱氛围的冗长乏味的文学作品，也不能宽恕。"[①]因此，在他的小说中，无论是傻瓜吉姆佩尔，还是荡妇埃尔卡；无论是菲谢尔森博士，还是黑多比，无不是嬉笑怒骂、传神逼真的鲜活人物。正如他自己所言："如果作家设法将生命注入人物之中，那么他们，连同作者本人，永远活着。"当有人问他："为什么你描写了一个消失了的

① 引自辛格《诺贝尔文学奖受奖演说》。

世界？”他回答说：“一个英雄，不管他今天是否活着，是否 20 年后才死去，或是他 20 年前，200 年前就死了，如果作家赋予他生命，他（或她）将是人类意识的一个活着的部分。”[①]

在辛格的小说中，有许多是以鬼和性爱为题材的，他甚至还“耸人听闻”地说，他并不对描写性爱感到羞耻。“在《圣经》和《塔木德》中充满了性爱故事。如果那些圣人对此都不感到羞耻，我又不是圣人，为何要感到羞耻？”他认为：“恋爱和做爱最能触及人性。这时，会懂得关于生活的许多东西，因为在恋爱和做爱中，一个人的性格最易表现出来。打个比方说，一个人在社会上可以是个强人，是个独裁者，但是在做爱中，他则可能像小孩一样无能。性器官是人体最敏感的器官。例如，眼睛或耳朵从不会‘怠工’；眼睛不会因为看到不喜欢的东西而不看，但阴茎则是另一回事，如果它不喜欢‘看到’的东西，它就不‘工作’了。因此，性器官比身体其他任何一部分更能表现灵魂。它们不是‘外交官’，它们毫不留情地说出真相。尽管它们有时‘喜怒无常’，和它们打交道也挺好，但是，它们有时甚至比大脑还要疯狂。”[②]当然，辛格并不是耽于色情描写，而是通过性

① 引自理查德 · 伯金《辛格访谈录》。

② 《走向文化诗学——美国犹太小说研究》，刘洪一著，北京大学出版社 2002 年 11 月版，第 80 页。

爱深刻探索和揭示人的本性。至于那些鬼故事，更是揭示了深刻的哲理。

辛格虽然算不得严格的犹太教徒，却是斯宾诺莎式的“泛神论者”，他心目中的上帝是一个“有力而残酷的上帝”。他在经历了诸多饥饿和苦难，尤其是在两次世界大战劫后余生逃到美国后，深感生命的残酷。二战中，他的家人在华沙全部罹难，无一幸免，他曾悲愤地说：“事实上，肉体和痛苦是同义词，如果选择了邪恶而得不到惩罚，选择了正义而得不到实施，那怎么可能还有什么自由选择呢？在所有这一切苦难的背后，是上帝无限的仁慈。”读了这段话，我们就不难理解辛格为什么对上帝的拯救和人类的未来深感绝望了。而他思考的这一问题，也正是二战后无数犹太人思考的一个问题：在纳粹屠犹的时候，上帝究竟哪儿去了？也即奥斯维辛之后的上帝，这也是困扰全世界神学界的一大难题。最后有的人找到了答案：如果奥斯维辛大屠杀的时候没有上帝，人们的生活将更糟。因此，辛格认为，一旦人类只贪图眼前的欢乐，不但得不到温暖，同样会落得个被烧死的下场。但是，他并不全面否定人类的欢乐，从而堕入苦修主义和禁欲主义的泥沼。相反，他认为：“世界是一座巨大的屠场、一个庞大的地狱……世界上有这么多苦难，唯一补偿的是生活中小小的欢乐和悬念。”[①]所以，他作品中的小人物尽管遭受命运的摆弄，历尽艰辛，但往往对生活锲而不舍，他在嘲讽中流露着怜悯和同情，同时在幽默诙谐中闪烁着智慧和哲理的光芒。正如他在《诺贝尔文学奖受奖演说》中所言：“富有创造力的人的悲观并不是颓废，而是一种要拯救人类的强烈感情。他不屑于许多诗人纯粹的消遣娱乐之道，而是锲而不舍地探寻永恒的真理和生命的真谛。他以自己的方式试图解开世事变迁之谜，试图找到苦难的根源，揭示处在残酷天理深渊中的爱。”

辛格的文学主张，虽然在世界观上和方法论上存在着矛盾，但其作品却形成了独特的风格和魅力。一位美国评论家说：

> 在热情洋溢和倾吐无限纯真的人情味方面，辛格很像契诃夫。在独创精神和塑造奇异瑰丽的文学形象方面，辛格又很像果戈理。但是，重要的是，辛格又很像他自己……[②]

这就是“艾·辛格的魔盒”带给我们的乐趣。

① 《美国文学简史》，董衡巽主编，人民文学出版社 2003 年 1 月版，第 565 页。

② 转引自《辛格及其短篇小说》一文。

三、贝克特的黑色悲观主义

一种敏锐的想象力和逻辑，如果被混合到荒谬的程度，结果将是一种似是而非的诡谲，抑或是一个爱尔兰犹太人后裔身上所体现的独特质素；如果是一个归化了的犹太人，这种诡谲就更是百分之百。事实上，1969 年的诺贝尔文学奖正是被分享了：一个人、两种文化和第三个国家，而且是一个分裂的国家。这个人就是爱尔兰著名的荒诞派戏剧大师、黑色的悲观主义者、信奉新教的犹太人——塞缪尔·贝克特。他以 5 部作品：《马洛伊》（小说）、《马洛纳之死》（小说）、《无名的人》（小说）、《等待戈多》（剧本）和《瓦特》（小说），在世界文坛赢得了声誉。尤其是戏剧《等待戈多》，在 1953 年上演后，拉开了世界戏剧史上崭新的一页，风靡全世界，被译成 20 多种语言，吸引了 100 多万观众。

贝克特虽不是先知，但他那独特的忧郁和黑色的悲观主义却让人们彷徨于死亡和虚无的边缘。他借剧中人物的嘴喋喋不休地向人们追问：我是谁？他让所有苦苦等待戈多的人因绝望而恢复痛感。1957 年，《等待戈多》

在美国旧金山的一所监狱中为1400多名囚犯演出，演员们本来担心这种戏是否能为囚犯们所接受。结果出乎人们意料，囚犯们反响强烈，认为这部戏并不难懂。一个囚犯说："戈多就是社会。"另一个囚犯说："戈多就是监狱外边。"监狱中的一个管教说得更透彻："他们懂得什么是等待，他们知道如果戈多真的来了，只能让人们失望而已。"[①]后来一名导演问贝克特，戈多究竟是谁或者指什么？贝克特回答道："我要是知道，早在戏里说出来了。"[②]

美国的一个博士研究生在深入研读了贝克特的作品之后，向他的导师递交了厚厚的一叠纸——但纸上一个字也没有。他的无字论文最终获得了通过。他正是以这种别出心裁的方式表明自己对贝克特作品的虚无内涵的深切体会，仿佛贝克特全部作品确实在表现一个虚无的主题：荒凉的世界、荒诞的人生、荒芜的艺术[③]。这似乎只对了一半，贝克特思想的主旨确乎是地道的黑色悲观主义，但他作为一个人来说，却是一个温和的、充盈的、

---

①《世界犹太裔文化名人传》，车成安主编，中国工人出版社1996年1月版，第550—551页。

②《犹太名人传》（文学家卷），刘洪一主编，河南文艺出版社2002年3月版，第325页。

③《塞缪尔·贝克特和他的世界》，[美] 罗伊丝·戈登著，唐盈等译，敦煌文艺出版社2000年7月版，第309页。

魅力十足的，对人类怀有深刻理解、同情与爱的人。正如美国另一位犹太作家威塞尔[①]在《遭遇贝克特》一文中所言："他杰出地描绘了必然生活在一个丑陋世界上的人类的不幸与悲剧，但他没有把自己描述为邪恶，因为他本人是邪恶的反面：他不嫉恨任何人，也准备帮助每一个人……毫不奇怪，他在某些圈子里被视为不单是个隐士，而且是个圣徒……因为他不仅是名伟大的作家，更是一个伟大的人。"[②]

塞缪尔·贝克特于1906年4月13日出生于爱尔兰首都都柏林附近的福克斯罗克，这是一个信奉新教的犹太中产阶级家庭。关于贝克特的出生时间，在官方的出生证明上记载的是5月13日，但贝克特本人总是坚持说是4月13日，因为这一天是个特殊的日子，圣徒奥古斯丁就是诞生在某一个月的第十三天，而且他尊敬的几个人，像但丁、乔伊斯，以及他唯一的兄弟弗兰克都是死于某一个月的第十三天。但最关键的是，这一天是耶稣受难日。按贝克特的一位传记作者解释："在爱尔兰，通常的做法是家长在婴儿出生后一个月方才到政府机构

---

① 威塞尔：美国著名犹太作家，人道主义者，1986年诺贝尔和平奖得主。

② 《一个犹太人在今天》，[美]威塞尔著，陈东飙译，作家出版社1998年7月版，第312–314页。

去登记，如果这孩子活过了他生命的第一个月。”[①]据说刚刚降临人世的贝克特身体十分瘦弱，着实令他的父母担忧了一阵子。至于出生在基督受难日这一天，虽说完全是个巧合，但“这个日子对于他特别合适，因为基督被钉死在十字架上和生存的纯然不幸后来一直困扰着他的心灵”。[②]既然在这个特殊日子降临人世，那人生也一定与众不同。

贝克特的父亲比尔，是 17 世纪从法国迁移到爱尔兰的贵格会会员贝克茨的后裔，身上有二分之一的犹太血统。由于对上大学不感兴趣，15 岁就进入家里开设的建筑商行工作，之后在都柏林的一家公司任统计员，并获得公司的股份[③]。贝克特的母亲曾是一名医院的护士，在医院同受伤并失恋的比尔认识，俩人一见钟情，于 1901 年 8 月 31 日举行婚礼。

贝克特的母亲是个讲故事的好手，她常常用动听的故事和美味的点心款待她自己的孩子和邻居的孩子，并教导孩子们具有高尚的礼貌和适宜的爱好，如钢琴、绘画和唱歌，她坚定而虔诚。他们还经常在自家的场地上

① Samuel Beckett an George Rearey；S · Deirdre Bair，S · 27.

② 《贝克特》，［英］A. 阿尔瓦雷著，赵月瑟译，中国社会科学出版社 1992 年 8 月版，第 14 页。

③ 《塞缪尔 · 贝克特和他的世界》，敦煌文艺出版社 2000 年 7 月版，第 12 页。

打网球，就在贝克特12岁时，他和哥哥一道获得过本地区网球比赛冠军。体育运动是他终身的爱好，从比尔开始，他们几乎全家都是游泳高手。贝克特的童年是非常幸福的，但由于他母亲是一个非常严格的教徒，使他从小就很孤独。但他对周围的苦难和不幸异常敏感，一生秉持了这种品性，他说："我有一个不错的童年，像其他小孩一样正常。然而，我更知我的周围还有许多不幸。"[①]正是他从小所受的宗教教育，使他天生忧郁，并喜欢苦思冥想。基督教中的原罪思想和犹太人对弥赛亚的等待深深地浸泡在他的血液里，再加之深受法国存在主义的影响，即人被抛到这个世界上，没有谁征求过他的意见，而死亡则像达摩克利斯之剑，永远高悬在他的头顶。

1914年，就在贝克特8岁时，已经显示出了对文学的特殊兴趣。他不仅搜集了不少文学类图书，而且还搜集了两座雕像，一座是莎士比亚的，一座是但丁的。他每每从体育活动中退到自己的小小房间，很小就学会了享受孤独。此外，他还和哥哥、表姐等一道学习弹钢琴。在5个孩子中，他是练琴最刻苦的一个，但弹琴水平始终不高，或者说"只有技术没有感觉"。有一天，钢琴

① 《贝克特——荒诞文学大师》，焦洱等著，长春出版社1995年10月版，第24–25页。

教师问他长大要干什么，贝克特口气生硬地回答："打板球，代表爱尔兰。"但最终贝克特没有成为一名运动员，而成为了一名曲高和寡的作家，也不失为一种荒诞。

少年时期贝克特生活中最值得纪念的一件事，是1916年复活节起义时父亲带他去看柏林大火。"欧洲最好的大街在一晚上就化为灰烬"这一景象长期存留在贝克特的脑海，尽管他经历了爱尔兰内战和两次世界大战。在战争结束的1923年，贝克特被送到了都柏林的三一学院，正式开始了他的大学生活。

贝克特的功课集中在艺术和人文科学方面，特别是喜欢对17世纪的研究——课程有逻辑学、道德哲学、物理学、玄学、修辞学、伦理学、拉丁语、希腊语、希伯来语，以及数学等。但对于贝克特的求知欲望和聪明的头脑，这些似乎还不够。在这些功课之外，他还阅读了马林诺夫斯基的《原始神话中的心理学》、理查兹的《科学与诗歌》、托尼的《宗教与资本主义的兴起》、刘易斯的《时代与西方人》、卡西尔的《语言与神话》、杜威的《经验与本性》、怀特海的《科学与现代世界》，罗素的《神秘主义与逻辑》《当代混乱的起因》和《我信仰什么？》等书，短短的几年，他"不仅开始有了自己的思想观点，而且能够将其表达出来。他阅读了大量书籍，已能够参加1927年在知识分子中间非常普遍的那些辩论”[①]。他还对科学很感兴趣，目的是为了探究与人类相关的许多自然现象。他的父亲虽然没有上过大学，但他们家却有三一学院的传统，因为他的两个叔叔都曾是三一学院的高才生。所以，贝克特在三年级时就成为三一学院一名有名气的学者，并获得免费用餐、半价宿舍和另加20英镑生活津贴的奖学金。此外，贝克特的导师一位是研究贝克莱、笛卡尔和柏格森的权威，另一位则是一位德高望重的戏剧专家，他们使贝克特受益匪浅。

在他1927年12月毕业之前的两个夏天，他先后骑自行车到过法国和意大利旅行，对法兰西文化和哲学产生了浓厚的兴趣。毕业时，他获得了现代语言学的第一名，现代文学的大金质奖章，他研究笛卡尔的论文还获得了50英镑的特别奖学金。毕业后，他被邀请到法国一所大学教了两个学期的法语。1928年春，他又前往巴黎高等师范学校教授英语。在巴黎的最大收获，就是24岁的贝克特结识了大作家乔伊斯，这深刻地改变了贝克特的人生历程。

生活和艺术对乔伊斯来说，如同一枚硬币的正反两面。有一次，他切生日蛋糕，蛋糕上放着《尤利西斯》的复印本，他说：“这是我的身体。”可以这样认为，乔

① 《塞缪尔·贝克特和他的世界》，第30–31页。

伊斯身上有着圣主耶稣的某种气质，只是这种气质有些错位。然而恰恰是错位铸就了他那钢铁般坚强的意志，而不仅仅是一般的信仰，并由此贯穿于他的艺术和生活之中，将平凡转化为不平凡，将普通的生日聚会转化成热闹的节日庆典，将人类悲剧谱成神圣的喜剧。他的精神境界使他面对种种困苦时都能平静自若。他在一封给朋友的信中写道：“我的视力几乎下降到零，双眼必须再动手术。”但接着笔锋一转，“有没有威尔士语和英语双解词典？”很久以后，贝克特获得诺贝尔奖时，曾说过乔伊斯的这种精神信仰对他产生了深远的“道德影响”。[①]

乔伊斯重视友谊，全心全意地对待朋友，可称典范。乔伊斯和贝克特的一位共同密友乔拉斯说，乔伊斯“对友谊有着特殊的才能……因此他不会轻易认朋友。对他来讲，友谊就是责任”。另一位画家弗兰克·巴根是乔伊斯终生“患难与共的朋友”，他说，乔伊斯把“友谊”和法律规定为同一概念，他始终如一、忠诚可信，既是一位知心的谈话者，也是一位耐心的聆听者。他对朋友非常重视和牵挂，事无巨细——无论是搬家、雇女仆，还是请医生，他都会鼎力相助。如果谁病了，他会照顾

① 鲁比·科恩，《回归贝克特》，第14页。杰克·麦克格兰“暗暗相信”由于乔伊斯一直未能获诺贝尔奖，贝克特一直觉得自己没有资格获得这项殊荣。

得无微不至。“他竭力让朋友们觉得开心，那份真切和热情让人有些尴尬”，他从不会拒绝朋友的各种邀请。当然，他的自尊和谦虚也是显而易见的。朋友对他的作品提出意见，或保留其作品的选刊抄本，都让他“深深感动”。“朋友们温暖的关怀，大大缓解了他的私人生活的苦痛……他渴望得到别人的关爱和帮助，他的眼神就说明了一切。”这是贝克特有一次在和朋友谈论乔伊斯时说的话。对朋友的热心相助，对青年作家的大力扶持，成为爱尔兰文坛代代相传的仁爱传统。一位作家说：“在乔眼里，每个人都是平等的，不管他们是作家、孩童、侍者、公主还是贵妇。他喜欢听别人讲话，从来不厌烦。”

贝克特和乔伊斯相识时，正是乔伊斯及其家人面临巨大不幸的时候。一是他自己患严重的眼疾，无法读书，只能借助放大镜，剧烈的眼痛让他几近崩溃；二是妻子因子宫切除手术而住进了医院，他日夜守护在妻子的病床边；三是女儿患精神分裂症需要住医院，他四处为女儿求医问药，并向弗洛伊德和荣格等精神病学家咨询；四是他的儿子，一个颇有天资的歌手，开始迷恋一个比他年长 11 岁的女人，并离家出走，随心所欲地过自己的生活。尽管如此，乔伊斯仍处处关心朋友，并有求必应。当然，他的内心也非常地痛苦，他常常为当年醉酒后不负责任的行为导致女儿的精神病症而深感内疚。于是，贝克特像“奴仆”一样不辞劳苦地帮助乔伊斯。一次，同时代的作家庞德看到乔伊斯和贝克特在一起，便对贝克特大加讽刺，态度蛮横。不久，乔伊斯就中断了和庞德的友谊。贝克特从高等师范下班后，一听说乔伊斯打过电话，就马上回话，声音抑扬顿挫。当得知乔伊斯晚上散步想要有人陪伴时，贝克特便急匆匆赶过去，“觉得这是一次殊荣”。

乔伊斯和贝克特关系密切的第一个原因，可能是乔伊斯觉得贝克特是一个有潜力和有知识的青年人，并且贝克特非常理解和欣赏乔的作品。由于乔伊斯的作品是一种新的文学格式，所以他的许多朋友和家人几乎从来也不读他的作品，这使乔很苦恼。第二个原因，可能是乔伊斯从贝克特身上看到了自己青年时代的影子。贝克特和乔伊斯不仅长相酷似，而且志趣相投，再加之年龄的差异，俩人有一种父子般的感觉。此外，乔伊斯的个人魅力也深深吸引着贝克特。平常乔伊斯行事冷静、外表严肃，和人相处时从不直呼人姓氏，而是习惯于称别人“先生”或“小姐”。有一次，他偶尔叫了声“贝克特”，就让这位年轻朋友高兴了好半天。乔伊斯笑的时候，非常天真而富有感染力，从不矫揉造作。跳舞时，胳膊甩来甩去，腿踢得老高，脸上带着孩子般羞涩的笑。幽默和写作可能是他反抗生活折磨的最好办法，他从来也没有失去信心，即使是二战中最忧心忡忡时，他仍然保持着那份苦涩的幽默和对周围人的关怀，为他们缓解生命的压力，让痛苦不堪的生活变得可以承受。作为一个普通人，作为一个艺术家，他的反应和一个喜剧作家一样，努力给人们带来欢乐。有一段时间，贝克特完全模仿乔伊斯，跷着腿，嘴里含着香烟，眼睛贴在书本上阅读，甚至还买了一双漆皮夹跟鞋，号码和乔伊斯的一模一样，尽管穿起来脚发肿并且长鸡眼，贝克特也咬着牙挺住。

乔伊斯邀请贝克特参加了许多社交聚会，包括上文提到的那次庞德讥笑贝克特的不愉快聚餐。同样不愉快的是另一次《尤利西斯》法译本的庆祝会和鲜花节 25 周年纪念会。客人们由一辆公共汽车送到靠近凡尔赛的一座村庄里。然而在返回途中，车上的都雅坦、瓦莱里等人决定集体捉弄贝克特，让车停下来并给他一杯一杯地灌睡前酒。当然，在一些社交活动中，许多朋友后来也成了贝克特的至交。俄罗斯犹太移民保罗·莱昂就是一个。莱昂多才多艺，是律师和社会学家、国际法专家、爱尔兰家法研究作者，还研习文学、哲学和拉丁文。他的幽默诙谐也是公认的。莱昂和贝克特一样，是乔伊斯家的常客，经常帮乔处理一些财务和职业方面的事务。许多个夜晚，莱昂在抑扬顿挫地朗诵乔作品的校样。

乔伊斯和贝克特还有一个最大的共同点，那就是对犹太人的苦难命运的同情。乔伊斯不仅精通犹太人的历史，还私人援助过至少12个犹太人逃离纳粹的魔掌。他还经常把自己比作受压迫的犹太人，他觉得在苏黎世的生活如同囚徒一样。“《塔木德》说过，我们犹太人就像橄榄一样；当被挤压时，当被自身的枝叶压垮时，才能榨出精华。”后来反犹主义者和乔伊斯打官司，贝克特曾出庭做证。乔对一生遭受的暴政和罗马式的精神奴役非常反感，他曾说过一句耐人寻味的话：“生与死带来的创痛已足够了。”有一次，乔因儿子的婚姻失败喝酒特别凶，贝克特则始终在一旁宽慰他。乔拉斯说：“贝克特作为一个知心好友，在乔伊斯沮丧焦虑时给予的关怀的确让人感动。”即使是乔去世后，他仍然请求处理把乔伊斯的遗体运回爱尔兰这一复杂问题。

乔伊斯的去世和女儿露西娅的病情困扰有很大关系。露西娅个子高挑、身材窈窕、举止优雅，漂亮的圆脸上长着一双蓝眼睛。由于乔伊斯一家频繁地搬迁，使她没有能掌握好一门语言。但她在演唱、钢琴演奏、舞蹈和美术插图方面很有天赋，乔伊斯曾花费大量时间和金钱帮助女儿的事业。露西娅在参加聚会时，总是扮演成卓别林或拿破仑，非常可爱。可惜的是，她患有精神病。在与贝克特的交往中，露西娅暗恋上了英俊而有气质的贝克特，这使贝克特很尴尬，最后被迫告诉她，他感兴趣的是她的父亲而不是她。这使她的身体一天比一天消沉下去，也让乔伊斯非常痛苦。贝克特本人在很多年里一直深感罪责，认为露西娅的病情恶化和自己无法给予她爱的回报有很大关系。1936 年后，露西娅不仅脾气暴戾，而且总是睡在花园里，不管天气如何。这件事影响了贝克特和乔伊斯一家的关系。后来，在露西娅被社会福利机构永久收容之后，贝克特和乔伊斯才恢复了原来的亲密关系。乔伊斯在和贝克特的谈话中，对纳粹的邪恶行为大加谴责，并将帮助犹太人视为自己道义上的责任，而不管自己的境遇如何。1940 年夏，在德军进驻巴黎之前，贝克特加入了逃亡大军，临行前和乔伊斯见了最后一面。

每当露西娅住院时，乔伊斯便定期给她写信，去探望她。他的信中显示出无法抚慰的哀伤："我亲爱的小女儿，"他常常这样开头，"我确信……某个美好的日子——不会太遥远——乌云会散去，它们不是暴风雨前的浓云，只不过是些小云彩罢了。"在另一封言辞痛切的信中，他写道："我看到了巨大的进展，但同时也看到了令人悲哀的迹象。你为什么总是独坐在窗前？无疑那是一幅很美的图画，但一位姑娘在田野中漫步，那更是一幅美丽的图画。"他不停地为他两个孩子的不幸而责怪自己："我对我的孩子有着而且已经造成了罪孽深重的影响。”在他谓之为“一个瞎子的愤怒与绝望”中，他祈求道：“密涅瓦女神指引我吧！”战事初起时，乔伊斯更是对女儿极度地担心，他在1939年9月的一封信中写道：“我全然不知我女儿身在何处——而我却做了那么多准备才来到她身边！”信中他不断重复着自己的忧虑：“假若遇到爆炸，她可千万莫要被一个人孤零零地抛弃在恐惧中，以为所有的人都不要她了。”当露西娅终于在一家新医院安顿下来后，乔伊斯便去待在她身边，保护她，以免她被炸弹的声音所惊吓。而对这种声音他本人也深感恐惧。1941年1月13日，他在思念女儿的抑郁中在苏黎世去世。

在贝克特的生活中，苏珊娜无疑是一个非常重要的人物。她比贝克特大6岁，他们之间的关系一直为新闻界所关注。苏珊娜是法国人，认识贝克特时已是一位严肃又具有天赋的画家，还是演员兼教师。1938年，她38岁时偶然进入了贝克特的生活，那时，贝克特刚被一名歹徒刺伤住进医院里，这样，从一开始她就显示出了她那力量和宁静相混合的个性。苏珊娜容貌平常，但她的沉静和稳定使她颇具魅力，使她具有一种抚慰人的力量；或者起码对贝克特来说，她像母亲一样坚强可靠。她把自己的一生几乎都默默献给了贝克特的需要，从饮食起居的管理者到他的文学代理人，在贝克特经济最困难的时候，她甚至靠缝纫担负起养家糊口的责任。在他们长达 40 多年的关系里，苏珊娜从一开始就在自己的四周建立了一道隐蔽的墙，她不愿抛头露面，她喜欢保护自己的隐私，在这一点上她甚至比贝克特有过之而无不及。贝克特刚刚成名时，苏珊娜甚至不愿参加贝克特的社交活动，她只情愿把自己的生活完全贡献给“家庭的”贝克特，而不是“社会的”贝克特。二战期间，他们曾一起参加过法国左翼地下组织的反法西斯活动，抵抗纳粹的侵略暴行。苏珊娜凭着自己的沉稳和聪明几度化险为夷，甚至可以说是她使贝克特免遭厄运。他们的抵抗组织遭到破坏以后，她又陪伴贝克特逃亡到鲁西荣，一路上历尽艰难也并无怨言。战争结束后，苏珊娜默默地陪伴贝克特度过了他一生中几乎每一个重大时刻，这其中包括他酗酒无度、苦闷彷徨的时期，包括他被疾病缠身、痛苦难堪的时刻，包括他们经济拮据、难以度日的时期，包括他为艺术而苦苦思索并最终顿悟的时刻，当然也包括他拥有成功的辉煌的时刻。她的许多话和行为多次成为贝克特的作品中的原型依据，启发了贝克特的创作灵感。在贝克特为艺术创作不被人理解和接受而苦闷彷徨的时候，她甚至为他争取成功付出了很多亲身的努力。贝克特不愿向外界推荐自己的作品，更不愿与人打交道，是苏珊娜充当了他的文学代理人的角色；《等待戈多》最后能在法国上演，贝克特的长篇小说三部曲最终能够出版，不能不说有很大一部分应归功于苏珊娜的执着努力。这一定都曾经让苏珊娜倍感自豪并由此得到了莫大的安慰。

贝克特和苏珊娜的私人生活关系一直非常奇特，这也是引起许多人猜想并产生兴趣的部分原因。他们从开始至终都分室而居，保持着一种非性关系。他们的许多朋友也曾对此颇感诧异，但随着时间的流逝，人们也就越来越能理解他们与众不同的生活方式，并且因为这正是他们两个人自己的方式，而且是最适合的方式而感到了释然。

1961 年 3 月 25 日，贝克特考虑到自己身体的健康状况，一旦自己有什么意外，苏珊娜就可以成为自己财产的合法继承人，在两人同居 23 年后决定秘密结婚。结婚时始终没有鲜花和香槟，只有很少几个朋友，贝克特差几周 55 岁，苏珊娜 61 岁。

贝克特完全是一个超脱的人，他不喜欢为声名所累。他的脸上皱纹密布，写尽了人世间的沧桑。他痛恨任何形式的自我曝光和自我炒作，即使是颁给他诺贝尔奖，他也未来领奖。每当人们邀请他参加电视访谈节目或是在公开场合发表演讲，他总是很有礼貌但又很坚决地说："不。"因此，在许多人的心目中，他成为了一个神秘人物，甚至是一名现代隐士。其实，他的好朋友数不胜数，只不过是他沉迷于独处，珍视自己的隐私罢了。很多时候，他不忍心拒绝别人。

《等待戈多》风靡全球之后，他再也不用为钱发愁了。他就会带上苏姗娜，去寻找那些四季如春、没有喧扰的地方，美美地过上几周宁静的生活，并寻求新的灵感。有时他一旦才思枯竭，或者太多的凡尘俗事打断了他的写作计划时，他也会莫名其妙地冲着人们发火："没完没了的干扰，没完没了的信件，自己却连一点工作的时间都没有了。整个人都被淹没了，没有出路了。"1983年1月，在经历了一段相当苦闷的时期之后，他给一位朋友写信说："从未有过的无聊和空虚。我记得在卡夫卡的日记中有这么一句话：'种种花吧。未来已经没有希望。'至少，他还可以种种花。我想他还是有东西可写的。但是，我却连一点灵感都找不到了。"[①]对于这种欲哭无泪的苦闷，贝克特已经习以为常了，但70岁以后，他却忍无可忍，认为给他举办75岁生日庆典，不仅占用了他的时间，而且也侵犯了他的隐私。他在给朋友的信中写道："去你的，名声。"他大发感慨："我担心生命已经走到了尽头……在巴黎，人们小题大做，把我的

① 《贝克特肖像》，[英] 詹姆斯·诺尔森，王绍祥译，世纪出版集团上海人民出版社2006年5月版，第7页。

生日庆典搞得像我的百年诞辰一样轰轰烈烈。我要在生日庆典隆重举行的那一天悄然离去。去哪里，我自己也不清楚。也许会去中国的长城吧！我要躲在长城背后，直到大浪淘尽为止。”

贝克特很少谈论自己的作品。记者、评论家，甚至朋友在问及他的作品含义时，他也总是避而不谈、缄默不语。他非常乐于和记者交谈，但从不接受记者的采访。这或许是因为他认为艺术作品本身就笼罩着一种神秘感，而他天生就不喜欢揭开这层神秘的面纱。这也可能是因为他意识到，作为一名作家，他只是“苹果核里的虫子”（贝克特原话），不懂得整个苹果从外面看起来究竟是什么样子的。贝克特经常和他的一些朋友促膝谈心，他很喜欢海涅、歌德和叶芝这几位诗人，他认为海涅对“生命的磨炼”和“古老的循环”很有感悟，而歌德和叶芝在生命的最后关头还写下了优美的诗篇，所以，他认为老年意味着“光明和精神”。他说：“我们的时代欠缺的就是精神，人们不再和自己的精神交流了。然而，真正重要的就是精神。”他认为，艺术家的伟大使命就在于表达“存在”。但是，“存在”是无形的、混乱的、神秘莫测的“无意义的动作的集合体”，人类先天不足、痛苦不堪、混乱无序。虽然艺术家也是“无意义”的一个部分，但出于自身的天职，必须将这种“无意义”形象化地表现出来。

贝克特的世界观的焦点在于两种不同的悲观，一种是轻易的、不在乎思索一切的悲观；另一种是在无法避免的悲惨境遇中，痛苦地面对现实而产生的悲观。前者的悲观由于认为一切事物皆没有价值，因此有其极限；而后者则试图从相反的观点去解释，认为既然没有价值可言，也就谈不上再降低其价值。我们曾目睹了前所未有的人的堕落，如果我们否定了一切价值，堕落的证明就不存在了；但如果我们认识到人的堕落会加深我们的痛苦，则我们更能了解人的真正价值。这就是内在的净化及来自贝克特的黑色悲观主义的生命力量。而且，这种悲观主义以其博大丰富的同情，拥抱了对全人类的爱。因为这种达到痛苦顶峰的绝望已臻至变化的极限，从而深知如果没有了同情，所有的境界都将消失。贝克特的作品发自近乎绝灭的心境，似乎已承担了全人类的不幸。而他凄如挽歌的语调中，浸满着对受苦者的救赎和遇难灵魂的安慰。

在《等待戈多》和《啊，美好的时光》这两部堪称《圣经》注释的杰作中，贝克特的上述思想表现得更为明显。在《等待戈多》中有这样的话："你是那将要降临的，还是我们要再等待的另一个呢？"剧中两个流浪汉必须忍受的境遇，是以野蛮的方式残忍而无意义地生存。在这部比较富有人性的剧本中，贝克特向我们说明了，没有什么法律比造物本身更为残忍。而人在创作中唯一的位置，仅仅是出自他故意恶意地将其他法律加之于其上的这一事实。但如果我们设想有个神，有一个创造了人类所能忍受的无尽痛苦的神，那么，正如剧中两个流浪汉一样，我们与他将何地何时、怎样相见呢？对这个问题，贝克特用剧本的名字做了回答。到剧终时我们仍然不知道戈多是什么人，就像我们到了自己生命的最后一幕仍不会知道命运一样。在大幕徐徐落下的时候，我们深切体会到一切残酷的力量，但我们也明白了这一点：无论经过怎样的痛苦与折磨，有一种东西是永远磨灭不了的，那就是希望。《等待戈多》清晰地描绘了人类面对永远的、不可预料的等待，所做的形而上的抉择。

在他的另一部剧本中，对《圣经》的引喻多和人的现实选择紧密联系在一起。人们在这个世界上彼此的关系，就像旷野中空漠的、没有回音的呼喊一样。贝克特的解说是针对一个无望的坐在沙漠中的幻想者而发的，但主题却是发生于这一切之外的另一事实：一个与世隔绝的人逐渐被日益增多的沙粒所覆盖，直到完全埋葬在自己的寂寞里；但有一样东西却在这令人窒息的沉默中昂然矗立，那就是他的头和他在旷野里的叫喊。人们只要活着，就有一种永不泯灭的需求，这就是：找到自己的同类，与之对话、交流。[1]

在获得诺贝尔文学奖不久，另一个犹太大师索尔·贝娄曾给贝克特写过一封信，在信的结尾有这样一句话："又一个获诺贝尔奖的悲观主义者。"贝克特回了一封信，挖苦道："你从哪里知道我是一个悲观主义者的呢？"其实，贝克特在面对逆境时，从来也不是一名彻底的悲观主义者，相反，他表现出一种旺盛的生命力和坚忍不拔的精神。在德国期间，他曾经用一个刀片自行处理了手上的一道烫伤。为了追求知识、寻求心灵的顿悟，尽管阴囊上的肿块痛得他死去活来，他还是矢志不移，走遍了柏林所有的艺术馆。二战爆发后，他告别了家乡，勇敢地走向硝烟弥漫的战场，顽强地同德国法西斯作殊死的斗争。所以，他在给毕肖普的一封信中写道："如果悲观主义是用来形容邪恶战胜了正义的一种价值判断的话，那么，把悲观主义安到我的头上是不合适的，因为我既不想也没有能力进行判断。我只不过是碰巧多接触到了其中一者而已。"[2] 75 岁高龄的时候，他引用了《李尔王》中的一句话："谁能肯定我现在的处境最糟？只要我们还懂得说最糟糕，就说明最糟糕的时候还没有到来。"所以，我们在贝克特的作品中，虽然能洞彻世界

---

① 《诺贝尔文学奖颁奖获奖演说全集》，建钢等编译，中国广播电视出版社 1995 年 10 月版，第 538—540 页。

② 《贝克特肖像》，上海人民出版社 2006 年 5 月版，第 21 页。

的黑暗和虚无，但永远能看到希望，他的那种“黑色”是对悲观和绝望的嘲讽和反抗。

和贝克特相处，是一件非常惬意的事，他的言谈中充满了“黑色的智慧”。在医生给他治疗白内障时，他对顺势疗法充满了怀疑：“还在治疗眼睛。愚蠢的眼药水、药剂和同种疗法医师开的小药片，后者就仿佛敷在木脚上的膏药一样。”还有一回，由于口腔囊肿，在动过手术之后，他戴了一副假牙。他就说：“戏剧让我恶心到假牙了！”幽默是他反抗逆境最有力的武器，这就是他“黑色悲观主义”的真正含义。由于贝克特离人们很遥远，所以许多人对他产生种种猜测，而生活中的贝克特和他的导师乔伊斯一样，非常随和大方，关心别人，富有同情心，简直就是一个“圣人”。即使是在他家徒四壁的时候，他仍然乐善好施，不声不响地资助过很多朋友和陌生人，他的善良和大方简直成了盛行一时的传奇故事。走在大街上，见到乞丐，他从来都不忘施舍。有一回他说：“我知道他们当中有些人是骗子，但我不能冒这个险。”“冒险”这个词用得太好了，这正是他美好心灵的真实写照。他常常觉得，自己年轻时太自私、太张扬、太不关心他人，所以自己活该老来受罪。[①]他对弱势群体有一种自然而然的同情，包括：失败者、病人、囚犯、乞丐、流浪汉，甚至一些游手好闲的人，他是出了名的菩萨心肠，即使偶尔上当受骗也浑然不觉。他相信人总是好的，尽管有时确实有一两个人让他感到失望，他也会原谅他们身上所有的“人类的弱点……天生的弱点”。

所以，既然人类还不太美好，我们就有理由等待下去，并为了迎接“戈多”的到来而努力地工作。这可能就是人生的全部意义。

---

① 1938 年 1 月，他在巴黎街头被一个男妓捅了一刀，刀锋离心脏只差一点，结果大难不死。如果刀子再往里捅一英寸的话，同年出版的《莫菲》一书恐怕就要加上“贝克特遗著”的字样，而且也不会有《等待戈多》《莫洛依》《终局》等著名作品了。这次经历使他彻底改变了自己的生活态度，由一名自恋张狂者变成了一名博爱者。

四、马拉默德的“魔桶”

春天到了，冰雪消融了，那个男孩子突然想起这件事，就在周围邻居那里转来转去，想找到施沃兹。在河边的一块小地方有一只死去的黑鸟，它的两只翅膀折断了，脖子也折断了，而两只眼睛还亮鼓鼓的。

“是谁把你害成这个样子，施沃兹先生？”莫利哭着说。

“是反犹太分子干的。”伊迪后来说。[①]

这是美国犹太小说大师马拉默德的短篇小说《犹太鸟儿》的结尾。正如一位评论家所说，马拉默德“尽量构建一种艺术的宗教，一种有苦难也有喜剧的宗教，以犹太人作人世间一切最富人性的出发点。所有人都是犹太人——大概这就是他最有名也最为神秘的思路”。

马拉默德是当代美国最主要的作家之一，在欧美及

① 《魔桶——马拉默德短篇小说集》，[美] 伯纳德·马拉默德著，吕俊、侯向群译，译林出版社 2001 年 5 月版，第 247 页。

世界文学界享有很高的声望，被评论界誉为“是可以和契诃夫与巴别尔相提并论”的短篇小说大师。他的作品主要有长篇小说 7 部，短篇小说 50 余篇，《呆头呆脑的人》《伙计》《头七年》《魔桶》《犹太鸟儿》等都是他的代表作。他的真正创作天才主要体现在他的短篇小说中，在这一领域，他突出了对孤独人物在逆境中丰富情感的刻画，以一种非常简练和细腻的笔触，表达了他对小人物的同情，从而揭示更广阔的人类精神世界。人们把他这种写人物从精神痛苦和孤独中得到升华的基调称之为“不幸者的人道主义”，而马拉默德也被誉为“不幸者的人道主义代言人”。

伯纳德 · 马拉默德 1914 年 4 月 26 日出生于纽约布鲁克林区，母亲伯莎·费尔德曼，父亲马克思·马拉默德，他们都是来自俄国的美国移民，伯纳德下面还有一个弟弟。他的父母曾努力经营过一个杂货店，这一场景后来成了儿子写作的一个背景，多年来他们数易其址，最后终于在麦克唐纳街安定下来，下面开店，楼上几间屋子住人。

1929 年，马拉默德的母亲去世，父亲又为他娶了个继母，当时他 15 岁。(后来就这段经历，他写道：母亲死后，我又有了一位继母，家庭气氛十分淡薄。) 他的弟弟尤金，曾因精神分裂症而两度住院治疗，终年 55 岁。马拉默德在布鲁克林 181 公立学校读书，1932 年毕业于伊拉斯谟·霍尔中学，后进入纽约城市学院并于 1936 年获得学士学位。“我从城市学院毕业正值大萧条时期，我早就想毕业后能从事短篇小说的创作，”他曾解释过，“但这件事迟迟未能实现。我有许多的想法，我感到我有许多东西要写，可是那时我无以为生，家里穷，仅靠一个小杂货商的父亲来维持生活，我实在于心不忍，因为父亲为人非常慷慨大方，可对自己却很刻薄。我报名参加了教师资格考试，后来在一所中学做见习教师（即布鲁克林的拉斐特中学)，每日工资为 4.5 美元，为期一年。”他还记录了参加邮局职员和投递员录用的考试情况，他写道：“这真是不可思议，或者是我疯了，但是，无论去做什么，只要我能一边工作一边从事写作就行。”

1940 年春天，他在华盛顿特区的财产调查局觅得一份公职差事。“每天上午我都十分紧张地工作，核对阴沟统计报表的估价单，因为美国各县总有这类报表呈上来，尽管这项工作十分累人，可由于我勤奋地工作，3 个月后我就得到了提升……而每天午饭以后我就得伏案写我的小说。”那是首都的一所孤立的建筑，房屋是租用的。那年夏天，他为《华盛顿邮报》写了一篇非小说类的纪实性文章，写的是关于法国的沦陷，德军“无耻地为攻占巴黎而狂欢”的情况，他回忆说：“我感到十分哀伤，似乎是在哀悼我所钟爱的一种文明的死亡，而我又在庆幸那持续的生命和相关的行动。虽然孤独感时时向我袭来，我仍住在这间租来的房间里一夜一夜地创作我感到无愧的小说。”从此,他的创作一发而不可收拾。

马拉默德成长和生活的前半生正是世界局势动荡、经济萧条时期，如长达数年之久的世界性经济大萧条，正是马拉默德上中学和大学期间。他大学毕业后，这次经济萧条的余波仍未平息，美国经济尚未完全复苏，失业人口居高不下，寻找工作成了一个大问题。紧接着是法西斯主义的兴起，对犹太人的迫害和屠杀，第二次世界大战的爆发，广岛的核爆炸，长期的冷战对峙，麦卡锡主义等，这些马拉默德都亲身经历了或间接地感受了。作为一名犹太血统的作家，这些灾难给他留下的心灵创伤和烙印要比其他人多得多也深得多。有人称这一阶段历史是“穷凶极恶的时代”，在这一时代里，犹太民族所受到的屠杀、迫害、歧视，他们所忍受的贫穷、饥饿、屈辱,更使他们成为人类灾难的最典型的受害者。从《圣经》中关于他们历尽艰辛穿越沙漠，前往耶路撒冷创建家园的史话，到他们流亡世界各地四海为家以及在近代史中又遭到法西斯惨绝人寰的种族灭绝式的屠杀，犹太人的历史构成了一段最悲壮的史诗。他们受尽了人间的种种磨难，但仍生生不息，顽强地生活在这个世界上，养成了一种无比坚忍的性格，也培养了一种拼搏求存的精神。马拉默德正是看到了他们这种在失败中不放弃微小的希望，在苦难中首先保持纯洁，并努力达到一种精神自由这一点；也看到他们对世界的正义、欢乐和幸福充满力量，而在悲惨的现实中默默地、不反抗地争取生存地位的顽强精神。马拉默德认为这是世界芸芸众生的小人物所具有的共同特征。也正是基于这一点，他曾指出："所有的人都可能是犹太人，只不过他们自己没有意识到而已。"这种广泛意义的"犹太人"实际是指人们孤立无援而又无所依傍的一种生存状态，也指那些在马拉默德小说中所表现出的种种抽象道德概念，如苦干、诚实、宽容、忍耐、责任感等等。当然，他们也并非没有缺点和不足，如耍些小手腕骗些钱财，或行为猥琐等。但我们一旦发现他们这样做有时只是为了一餐一饭或仅为了一己生存，或为了妻儿的生存，我们不仅会把原来的鄙视化为同情，而且会为他们的生活境况而唏嘘不已，为他们的责任心所深深打动。这也会让我们联想到世界上另一个特殊民族——吉卜赛人，他们也常以类似手法谋生，而又有谁会对他们产生厌恶和偏见呢？

马拉默德笔下的犹太人的生存环境向世人展示了一幅凄惨的画面，他们住在往往都是最脏、最破旧、最拥挤的区域。所栖居的公寓几乎都是"墙皮剥落"或废弃的库房，甚至是借助断壁残垣垒起的临时性棚户；又黑又暗的楼梯；室内只有残破的桌椅和凹陷的床；他们的门没有门牌号码,只是用粉笔或铅笔在门上写的“名片”。但是就是在这样常人所不堪忍受的恶劣环境中，他们仍保持着积极向上的精神，没有泯灭人性的善良，不忘记对幸福的追求和向往。

《魔桶》是马拉默德十分有名的一篇短篇小说，主人公利奥·芬克尔是个学习犹太教律法的学生，有较好的前景，为人也很好，被一个以说媒为生的萨尔兹曼所看中。萨尔兹曼生活十分穷困，一心想为自己的女儿找一个像芬克尔这样的年轻人为婿，但是他欲擒故纵，使得芬克尔几乎丧失信心的情况下，才让他与女儿见面。故事十分生动地刻画了萨尔兹曼的形象。当他看到女儿和芬克尔终于走到了一起，他在为她真诚地祝福祈祷。故事一方面表现了慈父的爱，也表现了他们不放弃任何希望追求美好生活的向往，他们这一辈子不行了，但仍不放弃为下一代谋求一个更好生活环境的愿望。

《伙计》是马拉默德长篇小说的代表作。青年莫里斯·博伯逃脱了帝俄对犹太人的大规模迫害杀戮，来到美国，在纽约贫民区里开了一家食品杂货铺，惨淡经营20年，到了60岁，晚景凄凉：店铺濒于破产，身体日趋羸弱，对夭折的儿子朝思暮想，为独生女海伦在中学毕业后迫于家计无法升学而愧恨交集。他 6 点钟就开店门，为的是好让那波兰女人买到三分钱的面包；给沿街兜售灯泡的小贩喝柠檬茶解寒；醉婆娘的 10 岁女儿奉母命来赊购食品，他明知欠款收不回来，就因孩子的一声啼哭而心慈手软；他揣着 8 个四开银币走遍职业介绍所而一无所获，看到小贩的可怜儿子就分了两个给他。这些细节描写都说明莫里斯“做个犹太人，就得有副好心肠”的想法。为了顾客遗忘在柜台上的一枚硬币，他追过两条马路去还她，因为他相信，“做人老实，觉才睡得安稳”。他做买卖从不掺假，或以次充好。这样一个善良的人却受尽欺诈，穷愁潦倒，终于因打扫人行道积雪得了肺炎，结束“圣者”的一生。这个苦人儿、受害者，就是马拉默德笔下为人类赎罪而受苦的犹太人典型。

作为小说篇名的伙计意大利人弗兰克·阿尔派恩的生活道路，从孤儿开始，经流浪汉，到抢劫犯，到赎罪者，最后结束于皈依犹太教，接了“圣者”的班，成了杂货铺里方济各型的“亚圣”。弗兰克在沃德的诱迫下抢了莫里斯，为了补过，辛辛苦苦地替他照料铺子；而在善与恶的冲突下，又偷窃他的进款，同时记下了数字，打算有朝一日全部清偿。他对海伦的恋情也是在自我牺牲和追求肉欲的冲突中发展着。他引她进了自己的卧室，单独相对，终不及乱，最后却在营救海伦免受沃德凌辱之后，奸污了她。他的忏悔和爱情都在作恶和涤罪之间迂回前进，终于从克制中得到净化，从牺牲中得到再生。

故事的结尾，伙计弗兰克主动承担了照顾莫里斯的遗孀孤女的责任，他艰难支撑着这个濒临破产的小店。4 月里的一天，弗兰克到医院割了包皮，逾越节过后，他变成了犹太教徒。马拉默德以极其苦涩的幽默给《伙计》画上了一个圆满的休止符。

马拉默德通过小说的形式对无处不在的人类灾难作了历史的反思，对犹太人的坚忍精神和苦斗精神给予了充分肯定，对他们的艰难境遇表示了同情，对他们所受到的不公正待遇而愤愤不平。在小说中，我们可以听到这样的声音 :“为什么灾难总降落到我们头上？”“犹太人生来就是受苦难？”但是他们并不自怨自艾，更不自暴自弃，而是在像野草的种子一样，到任何一个地方都会落地生根。不管条件多么艰苦，也不管生活多么艰辛，他们都在那里生生不息，顽强生存，这样的生存环境不仅养成了他们坚忍的精神，也培养了理性思维，这一民族不仅孕育了马拉默德、贝娄、辛格、布罗茨基等一大批优秀的文学家，也孕育出一大批思想家、哲学家和科学家。

雪还在下着吗？这是《伙计》的结尾。人人都是犹太人。

五、约瑟夫·海勒与“黑色幽默”

“黑色幽默”是美国当代的一个重要文学流派，它兴起和风行于20世纪60年代。1965年3月，美国作家弗里德曼编了一本小说集，名为《黑色幽默》。数月后，作家康拉德·尼克伯克在《致命一蜇的幽默》一文里，把那些作品表现出来的幽默称之为“黑色幽默”。从此，“黑色幽默”一词逐渐为社会所认可，并成为一个新的小说流派的名词。

“黑色幽默”创作倾向上的主要特点，是从“黑色”（黑暗）中看到幽默，又用幽默来对待“黑色”。前者指作家的世界观和作品的内容，后者指作家的处世态度和创作态度。也就是说，“黑色幽默”作家认为宇宙、社会、人生不仅荒谬、丑恶、冷酷、阴暗，而且滑稽可笑，神秘莫测。因此人人都处在一种荒诞、病态的境地，这种处境与苦难、不安和死亡紧密相连。这种情况是永恒的，任何人都无法使它改变，反抗只能是徒劳的，倒不如耐着性子，透过“黑色”来嘲笑它的“幽默”即“含着眼泪讲笑话”。“黑色幽默”之所以会为广大读者所接受，就是因为它表现了第二次世界大战以来，一代人对充满黑暗丑恶和不公正的现实社会的忧虑和绝望，却又要在幽默与讽刺中获得某种精神慰藉的复杂心理。

“黑色幽默”流派的作家往往以存在主义哲学为思想基础，以世界的本质是荒诞的为出发点，突出描写现实世界的混乱不堪以及个人与世界的紧张对峙，并以一种无可奈何的嘲讽态度着意将这种对峙加以放大、扭曲、变形，使之显得更加荒诞不经、滑稽可笑，同时又令人感到压抑和沉闷。在这个作家群中，约瑟夫·海勒、库尔特·冯尼古特和托马斯·品钦这三人代表了三种不同的类型，因而成为这一流派中有代表性的作家。冯尼古特的作品侧重嘲笑人类的荒唐和愚蠢，他惯于用科幻式的寓言说教。品钦则侧重于反映宇宙的荒谬、阴暗和神秘难解，在他笔下出现的是一个鬼影幢幢的荒凉世界。而海勒则始终注视着美国的现实社会。他不像冯尼古特那样耽于幻想，也不像品钦那样迷恋神秘，他对美国社会阴暗面的提示和嘲讽较其他作家更为直接、更为犀利。由于这个缘故，海勒备受批评界和读者的关注和青睐。他的《第二十二条军规》不仅被誉为“六十年代的史诗”、“描写疯狂世界的典范”，而且由于它完美地体现了“黑色幽默”文学“把握时代”的魅力、“表现了时代的特征”而成为六七十年代美国青年，尤其是大学生的必读作品。

“第二十二条军规”也成了“无法摆脱的困境”的代名词进入了美国人的日常语言。[①]

约瑟夫·海勒于1923年5月1日出生于纽约市布鲁克林区的柯尼岛。父母是俄国犹太移民。5岁时，父亲去世，他和哥哥、姐姐、母亲只好自谋生路艰难度日。批评家认为，海勒独具特点的玩世不恭、街头浪儿式的机智幽默就是童年时在柯尼岛的火热生活中形成的。1941年，海勒于亚伯拉罕·林肯高中毕业；1942年10月参加美国空军第12军团，驻防科西嘉，并作为侧翼投弹手执行轰炸任务共60次。1945年海勒作为空军上尉退役；同年9月3日与雪莉·海尔德结婚，并按美国兵役法免费就读于南卡罗莱纳大学，不久转入纽约大学，1948年获英语学士学位。1949年又于哥伦比亚大学获硕士学位，并作为1949—1950年度的富布莱特学者赴牛津大学访学。此后，他曾先后在宾夕法尼亚州立大学、耶鲁大学和纽约市大学任教，当选为美国艺术文学院成员。在他的社交圈子中，交往甚密者是马里奥·普佐和库尔特·冯尼古特。

约瑟夫·海勒的成名作是《第二十二条军规》，但其他作品如《出了毛病》《像戈尔德一样好》《上帝知

① 《第二十二条军规》，[美] 约瑟夫·海勒著，扬恝等译，译林出版社1998年9月版，第2–3页。

道》等也是当代文学的上乘之作。尽管他的作品数量有限，但仍然被公认为20世纪最主要的经典作家，尤其是《第二十二条军规》，同雷马克的《西线无战事》和诺曼·梅勒的《裸者与死者》，以及詹姆斯·琼斯的《从这里到永恒》，并称为二战后著名的反战小说经典。《第二十二条军规》在创作上深受塞利纳、纳博科夫和卡夫卡等文学创新大师的影响，在结构上一反传统的常规：事件的脱节，时间的零碎化，对话和叙述的不合逻辑性，叙事顺序的内在性（不按实际的编年顺序），故事总体的二律背反，以及其公认的超现实主义、黑色幽默和模仿史诗的特征，都证明该小说在类别上无疑属于20世纪中期以来盛产的实验小说。海勒促进了这种小说的发展，对当时和后续的后现代主义小说都发生了相当大的影响。①

《第二十二条军规》的故事发生在二战期间，主要描述驻扎在地中海某海岛的一个美军飞行大队混乱腐败的情况。主人公尤素林是这个飞行大队的上尉轰炸手，他不愿为国捐躯，也不想升官发财，而只希望活着回家。他觉得周围的环境充满敌意，人人都在设法暗算他，不安全感像铅块一样，沉重地压在他的心头，使他惶惶不可终日，对什么都感到失望，以至疑心整个世界都疯了。

---

①《海勒》，陈永国著，四川人民出版社2001年9月版，第2–3页。

人们都以为他精神失常了，根据第二十二条军规，只要是疯子，可以申请停止飞行；而一旦提出申请，却又证明他不是疯子，就得继续执行任务。司令部规定，凡是飞行32次的人可以回国，可是大队指挥官有权把飞行次数增加到40次、50次……第二十二条军规还有这样的规定："无论何时，你都得执行司令官命令你所做的事。"尤素林终于恍然大悟：原来第二十二条军规是一个永远也摆脱不掉的圈套，一切危险也都来自它。为了活命，尤素林终于开了小差。尤素林是个没有明确信念的、贪生怕死的人，是当代文学作品中所谓的"反英雄"。但他也并不是一个只关心个人安危得失的自我中心主义者。尤素林有同情心，有是非感和正义感，对周围的丑恶现象曾表示愤慨，他说："只消看一看，我就看见人们拼命地捞钱。我看不见天堂，看不见圣者，也看不见天使。我只看见人们利用每一种正直的冲动，利用每一出人类的悲剧拼命地捞钱。"小说通过这个人物的感受和言行，揭露美军内部的黑暗。在小说中，作者还描写将军们相互攻讦，为了鸡毛蒜皮的事而大动肝火；把士兵训练成像机械呆板的机器人的军官，竟获得军事天才的美称；大队伙食管理员用作战飞机大做生意，甚至与德军签订合同，用德军的飞机轰炸美军的基地……总之，在这个飞行大队和整个二十七空军里，什么事都颠三倒四，荒谬绝伦。人们无所谓爱国，也无所谓叛国，人人只想到自己，有的是为了求生存，更多的则是为了飞黄腾达和大发战争横财。小说对美军的腐败情形的描写，可谓淋漓尽致，入木三分。但这仅仅是小说表层的含义。小说深层的意义在于揭露第二十二条军规。所谓第二十二条军规，并不是具体的、实有的条文章程，而是无所不包、可以随意解释的抽象的东西，用书中一个人物的话说：所谓第二十二条军规，就是说他们有权去做任何我们不能制止的事情。在第二十二条军规面前，任何人都无力逃避它，摆脱它；它无所不在，法力无边，控制一切。第二十二条军规实际上是一种任意捉弄和摧残人的乖戾力量的象征，是一种灭绝人性的官僚化体制的象征，也可以说，它是现代资本主义畸形社会的象征。在小说中，作者抱着恼怒的心情把世界看成荒诞的恐怖世界，又以玩世不恭的态度把它表现为滑稽可笑的喜剧，这正是人们所说的“黑色幽默”。

与《第二十二条军规》和《出了毛病》相比，海勒的第三部小说《像戈尔德一样好》至少可以说是一部传统小说。尽管它与前两部小说拥有同样冗长的篇幅，所讲的众多故事同样互不连贯——关于当代美国犹太家族的故事，关于美国大学教授的故事，关于美国政府官员及其政治阴谋的故事，甚至还有关于如何推翻前国务卿亨利·基辛格的故事。但使读者吃惊的是，这部貌似传统的小说仍然不失典型的“海勒风格”，其近于荒诞的幽默和具有穿透力的辛辣讽刺，仍然是“海勒迷们”所倍感亲切和熟悉的。

小说的主人公布鲁斯·戈尔德是一位大学教授，但他对教书这个职业并不热爱，甚至恨这个职业，恨与这个职业相关的一切：他的同事、他的课堂以及他的学生（他曾尽最大努力想方设法把他的学生人数减少到最小量）。小说开始时，戈尔德已经48岁，有与他共同生活了20多年的妻子和3个孩子。他事业有成，是6部书的作者（但只有1部，即他的博士论文具有原创性，而其他5部都是已经发表过的论文，要么就是重复的课题和内容）。但他不满足于现状，要利用现有的一次机会改变现状。摆在他面前的选择是放弃纽约的工作，到华盛顿特区担任国务卿，即接替亨利·基辛格的职位。如果选择到华盛顿去，他就可以把纽约的一切都抛在脑后，包括令他气恼的教学职业，拒绝随他同去的老婆，以及令他感到窒息的犹太家庭。相反，在那里，他将以其政治影响和诱惑力构筑一个乐园。小说一开始就描写了戈尔德在纽约的情形，继而追述了他为在华盛顿构筑安乐窝而付出的努力。最后，他终于有了机会，可以得到亨利·基辛格的职位，但他必须在纽约和华盛顿之间作出选择。

在 1980 年的一次访谈中，海勒是这样总结戈尔德的处境的："这部小说几乎是对两个世界的对比描写，一个是亲密的世界，一个几乎令人窒息的移民大家庭，这个家庭的一代又一代成员经历了不同阶段的美国生活的同化；与此相对照的是一个非常耀眼的出人头地的世界，那是华盛顿政界达官显贵们的生活。"所谓"亲密"当然是一个辛辣的讽刺。在海勒笔下，戈尔德的家庭里根本无亲密可言，有的只是敌意、摩擦、口角和对抗。家庭内部成员之间的敌意和对抗深刻地提示了犹太移民在美国社会这个大染缸中被同化的经历；向美国生活方式的融入意味着犹太生活的瓦解，而这种融入和瓦解反过来又自相矛盾地导致了其个体成员的孤立，不仅仅是在犹太家庭内部的孤立，而且还导致了他或她在所融入的那个社会中的孤立。这种孤立必将导致个体精神的极端孤独和颓废。

海勒在这部小说中采用的主要手法仍然是漫画式的讽刺，而且，在某种意义上可以说达到了偏执的程度。从定义上说，漫画式的讽刺是一种喜剧手法，而从民族性格上看，这种手法所体现的那种幽默感恰恰是犹太人的天性。在《伟大的美国犹太喜剧家的身份危机》一文中，萨缪尔·S. 雅奴斯据他十年的研究成果得出了一个统计数字：即美国最著名的喜剧家中有 80% 是犹太人，尽管犹太人只占人口总数的 3%。

《上帝知道》于 1984 年问世时，批评界的最初反映是“这是一本垃圾”。评论家们几乎异口同声地将其与迈尔·布鲁克斯的滑稽独白《两千岁的老头》加以比较，继而把它说成是“俏皮话和时代错置”的拼凑，“缺乏中心思想的娱乐”，“过分夸张的猎奇”，其轻薄草率使其“未能抓住自己的主题”。甚至唯一一位不受宗教偏见左右的评论家也认为书中的时代错置使用得过了头。然而，到 1986 年，该书出人意料地获得了美第奇奖，海勒是当年获美第奇最佳小说奖的非法语作家之一。

大卫王是《圣经·旧约》的“撒母耳记”中的人物，他杀死了非利士族的巨人歌利亚，娶拔示巴为妻，生子所罗门，即著名的《雅歌》歌手。以《圣经》故事为题材进行文学创作并不是海勒的独创。早在 30 年前，艾萨克·罗森菲尔德就曾发表过一篇以《所罗门王》为题的故事，故事中的巨人所罗门被解除了神秘性，成为当代社会上的一位普通犹太人。这种把过去与现在相交织，把当代生活的细节引入《圣经》故事的手法，在西方读者，尤其是在基督教读者中曾产生过极强的艺术效果。实际上，海勒在 1974 年《出了毛病》发表后不久就萌生了把圣经故事改写成小说的想法，其开头的一句话是：“他们说，那个男孩是在马槽里出生的。”后来，他又打消了这个念头，因为托·斯·艾略特在《东方三贤的旅行》中也是以这句话开头的。按乔治·曼德尔的说法，海勒在童年时就对大卫王产生了浓厚的兴趣，尤其是大卫王逃离其父扫罗的故事。

在《上帝知道》中，海勒之所以把大卫作为主人公，是因为他有三个父亲（耶西、扫罗和上帝），而这三个父亲他又都失去了。从海勒自身的经历来看，这种解释似乎有其心理学上的依据，是有道理的。但是，仅就海勒决心要追溯和描写其“犹太经历”这一点而言，从第三部小说中的社会和政治问题过渡到第四部小说中的宗教问题上来，以便在宗教上确立和证实犹太人的“民族性”和“文化身份”，也同样是可以自圆其说的。

在希伯来文《圣经》中，大卫王、摩西，以及亚伯拉罕、艾萨克和雅各等所谓人类的祖先们，无论是对基督徒还是对犹太教徒，都是极富吸引力的人物。对基督徒来说，耶稣始出大卫家族；对犹太人来说，大卫王统一了犹太民族，建立了以色列国。在海勒看来，真正的大卫是不可知的，但《圣经》文本中再现的大卫是一个活生生的人，在这个过程中，把他与现代文化和社会联系起来。因此，批评家们所乐道的时代错置就不仅仅是为了特定的喜剧效果了，还在于表明大卫和他所面对的问题都是当代的，因此也不需要向当代读者做特殊的交代。

大卫并不是圣人，“上帝知道”这一点。然而，恰恰因为他不是圣人，而是普普通通的人，海勒才“选中”了他。海勒笔下的大卫是真实的人，具有动物属性的人。他和美丽的拔示巴通奸，让她丈夫到战场去送死，还寻找理由说他身不由己，受了魔鬼的驱使。他自吹自擂，夸口说拔示巴作的《雅歌》和《箴言》以及韩德尔的《弥赛亚》都出自他的手笔。他还是个军人，但缺乏谋略和远见，不知道叙利亚人可能会向以色列开战，也不知道犹太人是否该建立一支海军，即便如此，他仍然称他儿子所罗门为傻瓜。

这种复杂和矛盾的多重性格使大卫成为当代美国“犹太小说”中最瞩目的《圣经》人物。海勒通过把圣界和凡尘、古代和现代混合起来，而打破了现代社会与“人类祖先”之间的界限，从而使当代人更容易接近那个“祖先”。这种时空的跨越还把两种不同的秩序置于一种共时性当中。正如乔伊斯笔下的布鲁姆和贝娄笔下的赫索格一样，海勒笔下的大卫也必须以一种双重视角来看待自己与世界的关系：他既是一个巨人，又是一个侏儒；既是宇宙的中心，又是边缘人物；既是成功者，又是失败者。由于与《圣经》中勇武的国王相认同，海勒笔下的大卫王便具备了现代叙事学中的双重身份：他既是英雄，又是反英雄。

在这个意义上，《上帝知道》并不是一部“犹太人之书”，海勒也不是致力于追溯“犹太经历”的犹太艺术家。他所关注的并不是这部小说的“文本”，而是它的“文本性”，即写作的艺术。他所描写的大卫王并不是那个虔诚的国王，而是献身于艺术并自觉于艺术的诗人。换言之，海勒的终极关注不在于对《圣经》文本，更谈不上对犹太文本的阐释，而在于艺术创造的冲动本身。因此《上帝知道》作为一部“犹太小说”的意义并不在于作者把古代与当代加以戏谑般的并置，而在于寻求“上帝”所创造的真实历史，并将其改写成一个更好的故事，使之成为一部至高无上的“小说”。

1986 年，鲍伯 · 阿珠迪亚在一次访谈中问海勒，大卫与上帝的对话是否具有“犹太性”，海勒并未予以直接回答，只间接地指出:“甚至摩西也和上帝相处得不好，至少有两次他与上帝产生过分歧，并成功地说服上帝不要毁灭非常弱小的民族。”大卫与上帝之间的对话与其说暗示上帝与其选民之间的一条纽带，毋宁说在大卫与上帝之间存在着一条鸿沟。但是，正如罗伯特 · 奥尔特所说 :“犹太人的典型幽默是通过把痛苦置于一个单纯由实践性现实构成的世界上，而抽空其宇宙意义的。”海勒也试图抽空事件的宇宙意义，但同时也削弱了《圣经》故事中主要人物的精神地位。《上帝知道》中的大卫充满了现代人的焦虑和矛盾情感，对自身经验的意义并不确知。他想要控制自己的命运，但又碍于上帝的存在，因此，对上帝也持一种又恨又爱的矛盾态度。当上帝为了惩罚他和拔示巴，而杀死了他们通奸的“结晶”时，大卫停止了与上帝的对话，从此他与上帝和家庭都失去联系。这也许在某种程度上暗示了后来尤其是近现代史上以色列国和犹太人的命运，抑或这就是大卫与上帝之间的对话所体现的“犹太性”。

《上帝知道》不是由一位犹太作家重写的一部犹太历史，也不是由一位当代小说家重讲的一篇过去的故事。毋宁说，它是为失去的青春和活力唱出的一首挽歌。在海勒笔下，大卫的生活成了每一个人的生活，既有光荣的业绩，也有失败的哀歌。在走过了人间坎坷的小路，历尽了世态炎凉的雨雪之后，弥留之际的大卫王现已无能沐浴靓丽裸女的那份温存了，更谈不上提起那一份心花怒放的“性”致了；他所能做到的只能是嗅一嗅亚比煞扑满香粉的大腿，闻一闻她口中清香妖嫩的媚气，但却从未能亲近她。他又在想念上帝，想念扫罗了。在朦胧的幻觉中，他看到了一个睁着明亮热切的大眼睛的男孩，一只裸露着的膝盖跪在地上，大腿上放着一只八弦琴，仿佛童年的自己又回到了身边，为自己演奏了。然而，那柔和而几近圣洁的乐调却被亚比煞无声的脚步和如画的头巾打断了。这时，大卫王发出了最后一声无可奈何的叹息："我想要我的上帝回来，可他们却给我送来了一个姑娘。"

第三章　财富、名声、优雅和温情

——几位犹太天才的智慧人生

人不一定要富有，但一定要独立。

——科斯托拉尼

在股票交易场上建功立业要做的不是算计，而是思想，用脑子思想。

——科斯托拉尼

钱多的人，能做股票；钱少的人，不可以做股票；没钱的人，必须做股票。

——科斯托拉尼

对于普通投资者来说，买一些国际知名的一流公司的有价证券，然后就一劳永逸，放起来再也不用管了。尽管睡大觉去吧，等醒来的时候就会有意外的惊喜等着他！他要是想去股市上赚钱的话，还不如给他的孩子身上投资，种瓜得瓜种豆得豆，这是最好的投资，我就是一个活生生的证明。

——科斯托拉尼

乔治·克列孟梭曾说过：战争是一件太严酷的事，不能把它完全交给军队。今天人们完全可以这样讲：经济是一件太严肃的事，不能全指望国民经济学教授和经济学家们。

——科斯托拉尼

一、浪漫风流的“奇缘博士”基辛格

在美国历史上，无论哪个时期，在政府高级职位上还没有出现过像基辛格这样的人物。他的使命首先在于充当总统的一根须臾不可离身的拐杖，他无疑是我们这个地球上最富魅力、最有权势的人物之一。如果夜总会的一个喜剧演员喊出：“请你记住，要是基辛格出了什么事，尼克松就可以成为总统了！”这绝不仅仅是一句辛辣与尖刻的俏皮话！

他从一个犹太移民，到成为美国最优秀的国际问题专家，并获得诺贝尔和平奖的经历；他在异国奋斗史中成功的“三级跳”，他的令人惊奇的风流韵事和独特的秘密外交艺术，是一部把国务活动与个人冒险生涯融为一体的惊人篇章。

他是美国历史上第一个原籍非美国人的国务卿；

他也是美国第一个犹太人出身的国务卿；

他又是美国第一个兼任总统国家安全事务助理的国务卿；

他是二战后美国第一个以学者而非将军、政客或律师身份出任这个要职的国务卿。

在长达 8 年的两届总统任期内，他作为白宫的外交智囊、顾问和国务院的首脑，参与制定美国外交政策，执掌美国外交大权，奔走活跃于美国和世界的外交舞台上。在举世瞩目的中美和苏美关系中，在越南问题和中东问题的谈判中，在美国同它的西方伙伴和第三世界国家的关系中，在其他一系列重大的国际问题中，以至在美国国内波涛汹涌的政局变化中，他都扮演了重要的角色，成为世界上最具神秘色彩和传奇色彩的犹太人之一。他足智多谋，权倾朝野，参与过 70 年代美国外交的许多重大决策和活动，他不愧为“全世界第二号最有权势的人物”“美国的教授总统”“奇缘博士”“超级德国佬”“中东旋风”“美国政府的良知”……

“亨利，你能跟我再待一会儿吗？”

在白宫，基辛格的办公桌上，摆着一个镶有尼克松照片的相框。相片上写着一句话：“赠给亨利·基辛格：善进良策，献身尔职，愉于所司，永志不渝。你的朋友理查德·尼克松。”

作为总统助理，他的任务是多方面的，并不仅仅限于主持国家安全委员会的日常工作。

他是尼克松的幕僚，在外交政策方面为之审时度势，出谋划策，“运筹”于白宫之内，“施展”于千里之外。

他是尼克松的顾问，每当尼克松遇有疑难问题时，他就提供情况、主意和办法，为之排解困难，寻求出路。

他是尼克松的特使，曾多次出国访问，他坐飞机的次数，比尼克松本人还多。

他是尼克松的谈判代表，前后10多次到巴黎参加关于越南问题的秘密谈判，最后同越南方面达成“关于结束越南战争和恢复和平”的协议。

他是尼克松的代言人，经常由他从白宫吹出风来，透露尼克松的政策意向。比如，尼克松要调整美国同西欧的“伙伴关系”了，首先由基辛格抛出所谓“新大西洋宪章”的构想来。

他又是尼克松的守护门神，当美国人民反对侵越战争的浪潮向白宫阵阵袭来的时候，由他出来进行掩饰辩解，应付社会各界抗议，维护尼克松的政策和地位。

对于总统来说，他实在是一根须臾不可离身的拐杖。尼克松在给基辛格的信中写道：

> 说实话，我不能想象没有你，政府会成为什么样子。
>
> 我国在过去两年里对外政策的许多成绩在很大

程度上要归功于你的努力和远见。

尼克松同基辛格的第一次会谈是以一项特殊使命结束的。据说．总统向这位从教授到顾问的秘密使者问道："亨利，请告诉我，美国眼下在欧洲、在东南亚和中东的地位如何？……我怎么才能在白宫建立起一个有效的国家安全委员会？……我面临着什么样的危机？它们将会如何演变？……我在限制战略武器的谈判中该怎么办？"

在白宫的最初一段时间，就连基辛格也不得不减少自己的社交活动。他在白宫的办公室里常常逗留到深夜，以此取代了他在床第之间的深夜流连。尼克松正进行一场困难的战争，基辛格必须设法使尼克松从这场战争中摆脱出来。基辛格处理军事问题的方法与他征服一个迷人的女郎的方法一样，这就是：分析好情况，借助自己的权势、地位震撼对手，作稍许的吹嘘，像魔鬼般地拼命工作，坚持胜利的信心，向前迈进，从而取得成功。尼克松总统对基辛格的富有逻辑推理能力的头脑简直着了迷，十分欣赏亨利的领导风格。

在尼克松就任总统前，把基辛格召到一个高尔夫球场，想听听基辛格对改组国家安全委员会的建议。当基辛格到达球场时，尼克松正准备在返回华盛顿之前打完一场高尔夫球的最后几个球洞。基辛格拿出了一份很长的备忘录，尼克松需要用几个小时才能看完它。但尼克松只看了第一页，他笑了笑，就要来一支笔签上自己的名字。国家安全委员会就照这样改组完毕。可见，总统对助理的相信达到了何种地步！

基辛格与尼克松很快就明白了他们之间的搭档是成功的。总统的本事仅仅在于发表妙语连篇的竞选演说，而基辛格却能写出才华横溢的阐明政见的计划来。尼克松在内心深处感到世界应返回到过去的国际均衡状态，基辛格表示赞同并准备让尼克松掌舵，从而实现自己的目标。而白宫新成立的国家安全委员会的第一次会议，对美国近代外交政策具有决定性意义。基辛格接任了委员会领导。他和他的同事们起草的那份文稿，再加上基辛格的实用主义和绘声绘色的表达方式，使他在会上成了绝对的权威。在此之后，每次会议就成了他的一言堂了。

到了1972年时，基辛格权力的擢升已经相当明显了，以致当向记者们通报总统某项决定的背景材料时，出面介绍的人就是基辛格。各国使节有紧急事务要求接见时，他们也去找基辛格。也就是在这个时候，在国务院流传着一种责怪白宫削弱了它在政府中地位的说法。其结果是，“多雾的底层”召开了几次象征性的会议：它原是国务院的一个绰号，此时称呼国务院为“多雾的底层”要比任何时候都更为合适。这个称呼把国务卿罗杰斯的权力描绘得十分贴切：多雾一般都朦胧不清，而且是沉陷到了底层。国务卿惨淡经营的景况，乃是他的各位前任所不曾有过的。而基辛格权力擢升到如此骇人的地步，也是绝无仅有的。罗杰斯原是一个小城镇的青年，后来成为律师，过的是一种保守式的生活。基辛格是一个逃难的移民，是最优秀的国际问题专家。并且还是一个能取悦于新闻界、逗记者们开心的花花公子。与此同时，他也是自艾森豪威尔政府以来的最沉闷乏味政府中的唯一生动并富有色彩的人。而罗杰斯则是一个待人诚恳、说话婉转、举止安详和不具任何明显特征的人。当然，这和总统对基辛格的信任是分不开的。罗杰斯心甘情愿扮演基辛格的副手这件事，明显地伤害了国务院，然而为时已晚，问题是“尼辛格”班子中的大部分人都喜欢基辛格，并认可了他的成功。

对此，1972 年 2 月份的《生活》杂志上曾作过描写：

> 一次内阁会议，中央情报局、国防部的高级情报专家、国务卿、国防部长、副总统都提前到场。大家正在捉摸着会议议程，努力猜测可能出现的问题。就在这时，一个人——不是美国总统而是基辛

格——走进会议室，手中拿着黑色的公文夹，既然他的照片已出现在《新闻周刊》和《时代》周刊的封面上，他走路时就带着一种比较威严的神气。大家可根据他的公文夹的厚度来推测今天会议的长短。

（一位观察家曾提到，他经常自问：基辛格的这副威严气势究竟从何而来。有一天他发现，所有其他人都从房间左侧的门进来，而基辛格却总是从右侧的门进来——右侧是总统办公室——他一下子明白了问题的奥秘。）

只有基辛格知道总统今天想些什么，要在会上讲些什么。他负责安排并使会议准确地按照总统的要求进行。出席会议的每个人都应明白，他们只能装模作样。基辛格和总统在当天的早些时候已作出了决定。亨利当天早晨曾同总统在一起……昨天晚上也在一起……大概以前的大部分日日夜夜也都是在一起的。

等总统进来后，除了基辛格，几乎所有的人都开始紧张。接着，总统宣布开会的内容。之后，扭头说："亨利，你把可供选择的方案给大家谈一谈！"基辛格于是像在哈佛讲课一样开始了他的发言，足足有 25 分钟。之后，与会者便开始讨论如何争取使美国人民和国会接受美国政府准备推行的方针政策。

会后，大家各自离去，基辛格也向走廊走去，但总统经常在此时此刻叫住他："亨利，你能跟我再待一会儿吗？"

秘密使者

1971年春，有一天当人们一觉醒来时，从报纸上读到了一条耸人听闻的有关国际解冻的大字标题。这一次，既不是成立了什么新政府，也不是哪一位外交家签订了什么重要条约，而是美国乒乓球队就要跨越中国墙，进行一次没有美国政府参与的民间访问。然而，那些关心政治的人却能体会到其真正的内涵。当然，美国的15名队员，也没有任何人对周恩来的预言"我们揭开了中美人民之间的关系的新的一页"有所领会。他们游览了一番，拍了一些照片，微笑而去。

1971年7月1日到7月12日，基辛格受命访问了越南、泰国、印度和巴基斯坦。7月9日清晨，基辛格从巴基斯坦乘飞机，悄悄到达了北京，与周恩来进行了会晤，并于7月11日返回了巴基斯坦。等尼克松总统在7月15日发表讲话，宣布中美两国领导人将互访时，全世界都为之惊诧。其实，这一密谋从4月份就已开始，连决定加准备共用了 3 个月，基辛格和周恩来的会晤，不仅改变了两个大国的未来，同时也将改变整个世界的未来。

尼克松总统喜欢观看橄榄球比赛，并且还能向教练提出一些新的招数。他上学时，没能成为一名好的橄榄球队员，然而最近他却成了世界上从不曾有过的，一场最激烈赛事的四分卫（指挥反攻的队员）。他的后卫就是基辛格。事实上，在基辛格同北越人进行的十几次秘密会谈中，尼克松的代号就是“四分卫”。

基辛格的面孔与总统的面孔几乎同样多地出现在许多杂志的封面上。因此，让他充当秘密使者，就像要求简·方达半身裸露地出现在大街上而不被人认出来一样。尤其是他总有漂亮女人陪同，身边还有保卫人员，以及一大批经常尾随其后的全国最机灵的记者。然而，尼克松却偏偏把重担交给他，让他去促成北越战争的结束。

当尼克松总统在电视上戏剧般地通报了基辛格的秘密会谈时，就连华盛顿那些最灵通的记者也一下子呆若木鸡。这个披露使众人瞩目的中国之行也平淡无奇了。很显然，秘密外交的艺术充满着生命力，而基辛格则又一次大出风头。尼克松为了连任，必须结束越南战争。为此，基辛格在 1969 年 8 月到 1971 年 9 月 13 日期间，成功地进行了 12 次巴黎之行。尽管结果并不太理想，但秘密会晤本身却是相当成功的。

1971 年 6 月 26 日，基辛格悄悄飞往英国去会见其内阁秘书。人们会以为会晤的目的是讨论与国家安委会合作的问题。而实际上，这却是为了同固执的北越代表进行另一次会晤而打出的一种掩护。

三个星期后，基辛格在巴基斯坦患了那次著名的胃痛病，之后就飞往北京。他还忙里偷闲与他的一个情妇在巴黎一家饭店共进了一次著名的晚餐。当记者们发现这秘密约会时，还以为获得了一条轰动的新闻。而实际上，基辛格乐意有人发现他们，这能帮忙掩盖他在法国的真正意图。

后两次出使，则是以戴维营会谈、实施阿波罗计划及宣布新经济计划作掩护，世人悄然不知。为此，他获得了诺贝尔和平奖。

每当尼克松把一项新的使命交给基辛格时，那些参与这项任务的人们都很清楚，在美国当代史上还从未有任何总统能如此信赖和依靠一个人的能力和才干。人们送他许多亲昵的绰号，然而任何商标永远改变不了产品的实质，这位犹太奇才，实实在在是在利用他搞个人风流韵事之间隙变戏法，变出世界未来的和平来。

“这个讨厌鬼，他不愿同我结婚”

白宫的一则假定通告：

事由：关于向白宫图书馆提供影片的问题

关于为白宫选择并提供影片一事，总统助理宣布了一项更为开放的政策。为了能够更好地了解我们的好莱坞朋友，特定于今夜12时为成年政府官员（限单身男性）放映由朱迪·布朗主演的x级丹麦优秀影片《三个人的游戏》。

假如没有好莱坞的那种40年代叫作《吻她，告诉她》，50年代叫作《你是如何得手的？》，60年代叫作《你成功了吗？》和70年代叫作《她的妙处像谁？》的“综合病症”，基辛格就要少许多传奇色彩。在任何时候，女人总是提供个人隐私和秘闻的最好情报来源，男人绝对比不上。性革命的一个别有风趣的方面在于，现代女性喜欢议论自己那些有名气的情人的特点，她们进行这类评论时的那种冷静与不偏不倚的认真神情，就像当年她们祖母谈论婴儿吃奶的习惯一样。

当基辛格18岁时，吉尔·圣约翰小姐才刚出生。

吉尔4岁时，已经是歌舞班的小明星了。6岁时就在电台出现，并成为一名儿童模特儿，等到长成大姑娘后，便成了国际上流社会的浪漫女明星。于是乎，男人们都在拼命追求她。她那华丽的服饰、她那高雅的化妆、她那豪华的轿车、她那高傲的气质和美丽的身材，都在深深牵动着上万男人们的心。基辛格不能不对这些魅力作出反应，终于从那些实力雄厚的竞争者群中脱颖而出，独占鳌头。此后，基辛格陪同圣约翰小姐的每一次活动，都成了主办人赚钱的契机。

莎莎又是一位艳星，她曾说过，她愿意嫁给亨利，“然而他永远也不会同我结婚。这个讨厌鬼……他认为我对他太女性化了！”基辛格与她第一次见面，是在总统的一次晚宴上，当时他的身旁就有好莱坞的这位训练有素的明星。当晚宴结束时，一位军官把总统的一张便条交给了她，上写：“您觉得基辛格先生如何？”

莎莎在一张餐纸上反问总统：“谁是基辛格先生？”

总统又给她写了一张回条，并画了一个小小箭头：“就是坐在您身旁的那个男人，您整个晚上都一直在向他卖弄风情呢！”而当时莎莎对他的印象是：“第一眼看上去，他并没有什么特别能打动人的地方，然而当他一开口，简直是一个超级男子汉，……他具有一个女人想要的一切。”她早就被他征服了。亨利在体验了各种各样的不很有名的女演员之后，在他的眼中莎莎无疑是一个极其聪颖的女人。而以往的情况似乎是，基辛格在好莱坞的朋友们每次替他安排的约会的女伴，虽然她们的胸脯一个比一个高耸，然而她们的头脑却一个比一个糟糕。莎莎至少到过许多地方并读过许多书，她和亨利都有一种中欧人的习性。

一次莎莎准备演出，她邀请亨利也出席。广告商拍摄了这样一幅照片：上面是莎莎的前夫与亨利一同站在舞台上。照片下面的文字说明是：莎莎的过去与将来。糟糕的是，基辛格同莎莎举行婚礼的可能性几乎等于零。他还喜欢许多别的女人呢！如果白宫的完婚重点对象是亨利的话，那么，他们还得再努力几次，舍此之外毫无办法。

根据基辛格对女人的最新口味，朱迪的故事有可能是真实的。她在一篇题为《一位女星述说她与亨利·基辛格的秘密约会》的文章中，零乱地讲了一些具体情节。她的优美的身段很符合亨利的要求。根据一些电影杂志的报道，她身高 1.62 米，有双褐色的眼睛和一头披肩长发。她的身段真是妙不可言，她的胸脯就像一些黄色书刊中的漫画那样，她的服装又突出了她的迷人之处。她让人感到亨利就喜欢她这样。“亨利总是说我极富性感。”她在许多广告照片上，总是展现一种湿润而挑逗的微笑。她轻而易举地挑逗着那些欣赏她的人。

朱迪引起基辛格的注意很可能是由于她在丹麦色情影片《三个人的游戏》中扮演了纵欲的第三方。海关总署查禁了这部影片，后来又在全国范围内发行了它的拷贝。她又拍摄了《笼中女人》和《玩偶之家》等优秀影片。

朱迪的故事可使人们想到一个事情的侧面。故事是这样的，如果同意和亨利相好，她们大多能因基辛格的名气而身价大增；对此，基辛格也心有灵犀，他总是千方百计满足她们。而那些女孩们如果办得很巧妙，将事情夸大其词，足可以在大出风头中自我陶醉，而之后的一个辟谣又可以将事情完全解决掉，那么她们何乐而不为呢？而这又有助于增长他的“超级男子汉”的美名，从而获得更多猎物。一旦她们过分纠缠他，他就会摆出他身份的威严，以工作保密为托词，一脸无辜的他就会说，怎么可以让这些女士们在拿他的名声开玩笑时而过于屈尊呢！不管怎样，基辛格冒险生涯和神话在继续，而他的女伴则一个比一个更迷人了。

于是乎，马洛小姐和他的故事，斯泰纳姆小姐对他的恋情，安杰尔小姐和芭芭拉、霍沃与他的韵事等都成了美国百姓茶余饭后的好话题。当然，他也在他的社交和青云直上时找到了他的如意伴侣。

问题是，尽管亨利的行动很诡秘，全国的许多人还是很尊敬他，尤其是在他手下工作的人更感肩上担子沉重。一名成员说：“他沉默寡言，严格要求达到难以达到的完美无瑕，偶尔还会大发雷霆，这都是真的……然而亨利就是亨利，别的一切都无关紧要。”

问题是，在基辛格身旁总有一批风度优雅、装束入时、聪明漂亮而又乖巧机灵的妙龄女郎做他的女接待员、女秘书和女办事员，而且不断更换。因为在白宫的整个五角大楼中，有许多这样的女工作人员，而且不止一名女打字员由于向国防部的高级官员展示她那双漂亮的大腿而被重用。这确实是美国上层社会的一个侧面，一个小小的基辛格又算得了什么呢？

退而不隐

基辛格于1977年初离开政府。他虽已退出官场，摆脱了繁忙的公务，但他远没有从美国政治生活和国际舞台上销声匿迹。事实上，他为公私事务操劳忙碌丝毫不减当年。据说他每天清晨6时半起床，除了吃饭和必要的休息散步外，孜孜不倦地工作，一直忙到深夜才就寝。基辛格尽管离开公职多年，但他精通国际外交事务的各种谋略，又有丰富的阅历和经验。这些年来他虽不在位，但仍谋其政，依然活跃在纽约、华盛顿的美国最高领导层中，成为总统的座上宾，在从事顾问事务和著书立说之余，还风尘仆仆，经常穿梭于欧、亚、拉美、日本和中国之间，会见政界、财界要人，阐述其政见，继续发挥其影响。自 1971 年以来，他已风尘仆仆访问中国 13 次，和中国领导人毛泽东、周恩来、邓小平等人多次见面，对中美关系的发展做出了巨大贡献。

基辛格的工作大致有三个方面：一个是商业上的。在美国仕商之间没有不可跨越的鸿沟。美国政府要员下野以后，去公司担任董事长者不乏其人，基辛格也不例外。他离开政府后便在大通曼哈顿银行国际顾问委员会任职，依然为洛克菲勒家族效劳。1982 年 7 月，他出面邀请了美国政治界、经济界一批著名人士组成国际咨询公司，自任董事长。国际上一些知名度很高的外交家、企业界巨子等均为董事会成员。该咨询公司分别设在华盛顿和纽约两地。其业务范围是专门为大企业提供“国际商务的决策性建议”，当然咨询费也相当可观，仅一次就高达 30 万美元。基辛格还不时应邀出席一些宴会和演讲会，一席谈话便可获得 3 万美元酬金，其影响之大，可见一斑。二是政务和外交上的。里根总统任职其间，经常召他面谈或让他出席一些内阁会议，要他就外交问题提供建议。1983 年，里根总统任命他为调解中美洲问题的两党委员会主席。他对中美洲问题进行了详细的考察和研究之后，写出长篇报告，成为里根总统解决中美洲问题的重要依据。三是从事写作。他一生的经历，特别是在政府工作的几年是他写作的重要源泉。他的主要著作有：《核武器与对外政策》《选择的必要：美国外交政策展望》《麻烦的伙伴关系：大西洋联盟的重新估价》《白宫岁月》《动乱年代》等。除了上述著作外，他还经常为报刊杂志写文章，就当前国内外大事发表评论。此外，还上电视，接受记者采访，到学校作学术报告，因此他的经济收入十分可观。他和夫人在康涅狄格州拥有价格为 50 万美元的房产，在纽约曼哈顿还有公寓，室内陈设阔绰，摆满了精美的工艺品，过着舒适豪华的生活。

二、幽默的经济学大师萨缪尔森

在美国的肯尼迪总统图书馆，你可以买到一个咖啡杯，上面刻着诗人奥布·雷门农的诗句，1962 年 4 月肯尼迪总统在他的生日时将刻着这些诗句的银啤酒杯送给了他的朋友戴维·鲍尔斯：

有三样东西是真实的，
那就是上帝、人类的愚蠢和大笑，
前两样超出我们的理解能力，
所以我们必须做我们能做的第三样[①]。

对于第一个获诺贝尔经济学奖的美国人萨缪尔森来说，上述三样东西在他身上都有完美的体现。作为一个犹太人来说，信仰和道德就是上帝对他的戒律和馈赠；中间道路的经济学家对真理的追求，就是他对人类的愚

① 《经济学大师的人生哲学》，[美] 迈克尔·曾伯格编，侯玲等译，商务印书馆 2002 年 12 月版，第 311 页。

蠢批判性的嘲弄；至于幽默的大笑，这是萨缪尔森的本能，也是几乎所有成功犹太人的本能。据说英国首相温斯顿·丘吉尔曾发表这样的评论："人常常会被真理绊倒，但大多数人会设法爬起来急忙走开，好像什么也没发生过。"当萨缪尔森牢牢地抓住真理时，他借着上帝赏给他的智慧，怜悯地嘲笑着人类的愚蠢和经济学家的愚蠢。[①]

《宏观经济动态》杂志的编辑威廉姆·巴耐特曾采访过萨缪尔森，他这样描述这位被经济学界誉为"最后一位通才"的经济学大师："保罗·萨缪尔森的成就有点唐突，他在经济学领域的贡献是如此广阔（在50年间平均每月都有1篇学术论文），以至于在现代经济学领域中，很难找出他没有开创性贡献的领域[②]。萨缪尔森的研究领域，除了经济学外，还广泛涉猎了诸如国际贸易与计量经济、经济理论与景气循环、人口与劳力、金融与独占性竞争、教条历史与区位经济等[③]。他还于1948年出版了经典教材《经济学》，这是这一领域迄

① 转引自《私人领导者的公共服务》，亚历山大·B. 特罗布里奇，华盛顿特区：国家公共行政管理学院，1985年版，第14—15页。

② 除了公开发表了超过550篇的论文外，他的著作也富于传奇色彩。萨缪尔森曾经说过："只要教科书是由我写的就够了，让其他人去拟定国家的法律条文吧！"

③ 转引自《经济学家之经济学家：与诺贝尔奖获得者和候选人的对话》一书，保罗·萨缪尔森于1947年出版了具有行业标志性的著作《经济分析基础》，奠定了他作为"经济学家之经济学家"的地位。

今为止最为成功的书籍。该书共印了 18 版，销量超过 1000 万册，并被翻译为 41 种文字。

萨缪尔森不仅使新古典经济学获其名，同时还开创了经济学数理分析的时代。二战后，萨缪尔森被称为微观经济学帕累托主义复兴和宏观经济学新凯恩斯主义综合的先驱者之一，也因《经济学》一书当之无愧地被认为是经济学的“鼻祖”，而他则自认为是“中间道路经济学”，核心思想是主张“混合经济”。正如他在《中间道路经济学》一书的中译本序言中所说：“左派和右派的思想家们喜欢用极端对立的方式思考问题。这不是我作为一个经济学家的作风。认真研究经济师的经验，加上 50 年来学习和发展错综复杂的经济理论，都迫使我不得不成为一个折中主义者：在个人的创造性与最优社会规则之间，寻找一条中庸之道。可以肯定地说，完全自由放任主义，不仅会导致个人之间的不平等发展到完全不必要的程度，而且会带来不可避免的宏观经济不稳定性——通货膨胀与通货紧缩、经济衰退与经济不景气，还有投资性金融泡沫与狂躁的价格暴跌危机。”[①]萨缪尔森的这句话写于 1998 年 10 月，已完全预言了 2008 年全球的金融危机。按照萨缪尔森的观点：“拥有 12 亿人口的中国，正在从一种命令式的计划经济发展成为一种

① 《中间道路经济学》，[美]保罗·萨缪尔森著，何宝玉译，首都经济贸易大学出版社 2000 年 3 月版。

混合市场经济。为什么我不说‘中国正在从共产主义转向资本主义’？这是因为，纯而又纯的资本主义，只是在本世纪20年代的美国才能找到，我就是在这种制度下长大的；现在，它成了一个已经灭绝的物种；在即将到来的21世纪里，无论哪里也找不到它了。”①

萨缪尔森于1935年毕业于芝加哥大学，获得科学学士学位；1936年获得哈佛大学文学硕士学位；1941年又获得哈佛大学哲学博士学位。从1940年到1985年一直在麻省理工学院任教，从1947年开始就获得了正教授的职称。他是专门为学术研究而生的，在芝加哥大学是个成绩为A的学生，在哈佛则为A+，但他是偶然进入经济学的殿堂的。结果证明，经济学就是为他而设的，一如世代经商的犹太先祖的基因，最终经济学成为他终身的归宿，而他所学的自然科学和哲学则使他有别于普通的经济学家。萨缪尔森说，虽然日历上记载他出生于1915年5月15日，但他真正的出生时间则是1932年1月2日上午，因为他考上了芝加哥大学。在那里，他先后师从于弗兰克·奈特、罗伯特·维纳、亨利·舒尔茨、亨利·西蒙斯、保罗·道格拉斯以及明茨等大师。在哈佛则接受了熊彼特、列昂惕夫、威尔逊、哈伯勒、钱伯霖与汉森的教导。正如萨缪尔森断言：“1932年是

① 《中间道路经济学》，[美]保罗·萨缪尔森著，何宝玉译，首都经济贸易大学出版社2000年3月版。

生为经济学家的大好时机。政治经济学这个睡美人，正在等待新方法、新典范、新好手与新问题之吻。科学是只寄生虫，病人的数目越多，生理学与病理学就越进步，治疗方法从病理学中产生。1932 年也是大萧条进入低谷期，一株新苗从腐坏的土壤长出我们今天所说的宏观经济学。”[①]萨缪尔森是从那时开始研究经济学的，尤其是他敏锐地感觉到数学会为现代经济学带来革命，而这正是他找到的新方法。于是他疯狂地钻研数学。

如果说萨缪尔森在芝加哥还是个婴儿，那么在 1940 年 10 月接受麻省理工学院邀请时，则重生了。麻省理工学院这一做法在哈佛并未受明显的阻挡，因此他想走就走了。男孩在父亲的荫蔽之下永远是个男孩，一个人只有在自己的土地上，才能筑起新的高楼。1941 年以后，萨缪尔森与那些优秀同事一起，建立了一个世界一流的经济学中心，并随后获得了一系列的荣誉。威廉姆 · 巴耐特回忆说 :“我从 1959 年到 1963 年在麻省理工学院读工程学本科。对于那个学校里所有的专业的学生来说，凌空高踞在所有教授之上的有两个‘神’，一个是大数学家诺伯特 · 维纳，另一个就是大经济学家保罗 · 萨缪尔森。那时在麻省理工学院，所有的终身教授都是世界级的明星研究者，能够凌驾在他们头上的，只能是任何

① 《我的经济人生之路 : 18 位经济学大师讲述的心灵故事》，[美] 威廉 · 布赖特等编，柯祥河译，海南出版社 2007 年 12 月版，第 57 页。

一代学者中最罕有那一类了。直到今天我都相信，许多经济学家在萨缪尔森令人畏惧的智力面前都有受到威胁的感觉。”[①]

萨缪尔森由于发展了静态与动态经济理论并提高了经济科学的分析水平而被授予了1970年度诺贝尔经济学奖。他的著作在很大程度上是由对经济学各个分支中的基本理论的严谨阐述组成的，其中包括宏观经济学、生产理论、资本理论、财政金融分析、国际贸易理论、经济增长理论和经济思想史等内容。其中主要理论贡献包括“新古典综合”分析、“显示性偏好”理论、“乘数与加速数相互作用”理论、“要素价格均等化”理论、“萨缪尔森检验”方法等范围。可以说，他在提高经济理论的科学水平方面，比当代其他经济学家做出了更多的贡献。所谓的“新古典综合”包括如下几个内容：

其一，当代西方发达国家是既不同于自由市场经济，又不同于社会主义计划经济的“混合经济”，市场价格机制和国家经济干预的有机结合是经济良性发展运行的基本前提，这是“新古典经济”的现实基础。其二，凯恩斯宏观理论体系和新古典的微观理论体系的结合，这是“新古典综合”的核心和理论基石。其三，凯恩斯主义经济学强调的财政政策和新古典经济学强调的货币政

① 《经济学家之经济学家》，第316页。

策的结合，这是“新古典综合”的政策表现；所谓的“显示偏好”指的是消费者在购买行为中所显示出来的、对不同商品组合（消费者）的喜爱顺序（偏好）的比较。显示偏好理论一改由消费者偏好推得消费者行为的传统做法，试图通过观测消费者行为来了解消费者的偏好，从而得出一些关于消费者偏好的基本特征。①

萨缪尔森是显示偏好理论的最重要贡献者，在20世纪后期，对经济学的数理性研究方面无人能与萨缪尔森匹敌。在许多同行的眼里，萨缪尔森是美国经济学界的首脑人物，并且得到好几代学生和大多数公众的尊重。《新闻周刊》和《纽约时报》的文章认为，当代重要经济学家中只有米尔顿·弗里德曼在一定程度上能与他抗衡。②

战后几年，在萨缪尔森和米尔顿·弗里德曼之间发生了关于经济学理论的相关性和可检验性的方法论的争论。弗里德曼（1953年）认为经济学假设的真实性是不重要的，重要的是根据这些假设所得到的预测是否正确。萨缪尔森（1963年）反驳道，实际上不准确的假设在科学上是不可能有价值的。他还表明，在假设和预测之间的界限并不明晰；什么当作假设，什么当作是某一假设

① 《当代十二位经济学家》，[英] J.R. 沙克尔顿等编著，陶海粟等译，商务印书馆1999年3月版，第236页，“保罗·萨缪尔森与经济学的系统化”一文。

② 《五十位经济学家》，[美]史蒂文·普雷斯曼著，陈海燕等译，江苏人民出版社2005年8月版，第296–297页。

的结果是非常随意的。弗里德曼所提出的不现实的假设可以被看作是从一组不同的假设中推导出的不现实的或是错误的预测。最后，萨缪尔森指出，根据逻辑的原理，正确的前提只能得到正确的结论，但错误的前提却能得到两种结论——正确的或错误的结论。而经济学想要的却是正确的结论。

虽然这场方法论的争论看起来有点抽象，但他们也争论重要的现实社会问题。弗里德曼多年来都是使用完全竞争经济学模型论证没有政府干预会产生最佳的经济结果。而萨缪尔森是凯恩斯主义经济学的追随者，他提倡通过更多的政府干预改善经济结果。因此，弗里德曼与萨缪尔森之争不仅涉及如何研究经济学，而且还涉及了运用政府政策改善经济运行情况的合理性。为了捍卫完全竞争假设，弗里德曼反对政府干预；而为了论证经济假设必须是现实的，萨缪尔森接纳了凯恩斯主义宏观经济政策[①]。

萨缪尔森在《我的人生哲学：政策信条和工作方式》一文中写道："许多经济学家……之所以成为经济学家，据他们说是为了给这个世界做些好事。而我是很偶然地成为一名经济学家的，主要是因为其分析如此有趣而容易……尽管对现实世界的实证分析指引并限制着我作为

① 《五十位经济学家》，[美]史蒂文·普雷斯曼著，陈海燕等译，江苏人民出版社2005年8月版，第296—297页。

一名经济学家的每一个行动，我从未真正忘记对结果的道德准则的关注。我的准则很简单，就是支持处于劣势的人们，且（在其他条件相同的情况下）憎恶不平等。”按照《美国经济学家》杂志资深编辑迈克尔·曾伯格的观点，对于一个伟大的经济学家来说，最重要的只有两点：“造就科学的原材料不只是科学家们的观察、实验和计算，还有他们的强烈愿望、梦想和愚蠢。”[①]很显然，萨缪尔森是一个纯粹的理想主义者。萨缪尔森的理想主义情结，很可能来源于犹太人的传统——古犹太的拉比或学者在学院讲学时告诉人们，千人进而一人出。什么意思呢，就是进入这所学院的上千名学生中，如果有一个人在所学的领域中成为精英高手，那就是这所学院的幸运。

在古代的《塔木德》研究院中，曾有这样一个有趣的习俗：靠后的长凳总是由较差的学者来坐。当他们逐渐能够显示出自己的聪明才华时，他们就移向靠前的长凳上。最前面的长凳只能由最聪明和最有创造性的学者来坐，他们被称为“移山者”。用曾与爱因斯坦在普林斯顿的高级研究院一起合作过的数学家犹太人利奥波德·伊菲尔德的话说，在爱因斯坦说科学家的理想职位应该是看守人时，科学家们曾怎样地大笑起来。而萨缪尔森则幽默地说：“就像在一个未开发的湖中打鱼，网

---

① 《经济学大师的人生哲学·前言》，[美]迈克尔·曾伯格编，侯玲等译，商务印书馆 2002 年 12 月版。

网皆有鱼；可还是有那么多人们从未品尝过的新鲜诱人的新品种。”所以，创造性成为每一个有理想主义情结的犹太人的最高原则[①]。值得一提的是，《塔木德》中提到拉比艾黎扎的故事：他的老师约哈南拉比称他为“奔流不息之泉”，还常常说，如果将所有的犹太圣贤置于天平的一端，他的重量会超过所有的人。《米德拉西》评论说，艾黎扎听从其妻的劝告，在犹太人的第二圣殿被毁之后，搬出一所著名的研究中心。由于艾黎扎与其他学者隔绝了，所以在《塔木德》中很少有关于他创造才能的描述。

萨缪尔森在回忆自己的经济学之路时，以第三人称的手法客观地写道：

> 对于拥有一切的人，神仙还能给他什么呢？施蒂格勒在提到萨缪尔森1947年的《经济分析基础》与当时刚出版不久的1948年畅销教科书《经济学》时，是这么介绍他的：“萨缪尔森功成名就，如今要追求财富了。”不久之后，马萨诸塞州贝尔蒙特即可闻到燃烧房地产抵押证明的烟味。不止于此，加尔布雷斯在《财富》的一篇书评中曾预言，新一

① 利奥波德·伊菲尔德：《质疑：一位科学家的进化之途》，纽约：双日出版公司1941年版，第280页。

代将从《经济学》中了解经济学，结果是被言中了。有人听到萨缪尔森曾自满地说："只要我能撰写这个国家的教科书，那法律条文就让别人去拟定吧！"威廉·巴克利在耶鲁大学抨击这本教科书亵渎神灵与人，结果反而为它营造了全新的声势，世界各地的销量也一路飙升。

我再三反对科学界大人物或大成就的观点，老农们常说，点滴之水都有帮助，说着就朝池塘吐口水。一个人应尽力去做他前面最急迫的事，即使做了之后没有什么回报，也应尽力而为，这是最佳策略。况且，说不定什么时候，你也许会碰到熊彼特学说中的创新或达尔文理论中的突破，让你的回报又与日俱增。

在莫扎特与布拉姆斯之间，我偏好莫扎特。我很感谢斯拉法遗留给我们贵重的金块。如果他也能赏赐给我们一些珍珠宝石，经济学一定会更好。每当忆及他动人但忧伤的眼神，不禁会想起詹姆斯的话——如果他生来就有一瓶香槟，应当会成为比较快乐的人。凯恩斯一生未曾遭遇写作的困境。晚年时有人问他，如能重来一次，他会做一些什么不同的事，他回答说："我会喝更多的香槟。"

有一次我问和我交往甚密的统计学家弗里曼：

“如果魔鬼用一个精彩的理论来交换你的灵魂，这笔交易你做不做？”“我不会做，”他说，“如果换的是不平等理论，则可以考虑。”我喜欢这一回答。我曾证明，没有谁会笨到平均值六万标准以下，这项萨缪尔森不平等理论使我名噪一时。无论后来的学者对此再怎么发挥，以及在较早的文献中找到类似的先例，都没有改变我沉浸其中的乐趣。因为这就是科学方式，就当时来说，足以为当时的科学大厦添砖加瓦。[①]

经济学家阿瑟·奥肯在《平等与效率》一书中写道，“在平等中加进一些理性，在效率中加进一些人性”，这是二者之间躲不开的替代关系。而萨缪尔森称由此产生的妥协为“有心灵的经济学家”。他还补充说，自己梦寐以求的是使经济学成为“有头脑的经济学”，上述言论则表达了萨缪尔森的头脑和心灵。用爱因斯坦的话说：“知识和技能本身并不能使人类具有崇高生命。人类有充分的理由将高尚道德标准和价值观的宣告者置于客观真理的发现者之上。”尽管只是确立了一个社会的理智风气，但却是智慧确立一个社会的道德风气。据《圣经》所说，心灵是智慧的源泉。心灵形成人类的特征，细化人的情感，丰富人的精神，也使人能接受各种变化。正

① 《我的经济人生之路》，第 64-67 页。

如《箴言》的作者所说："智慧之心择善事之。"[①]智慧之心对世界上的弊病也是敏感的，因为这样的心能唤起助人为乐的风气，也能唤起人们对穷人的需要和苦难的关注。因此，萨缪尔森希望经济学仍然是一门道德科学[②]，也希望经济学家渴望拥有智慧之心，即便他们从事的工作主要是在科学的领域。这也是一个非常高尚的目标。

萨缪尔森认为，生活在现代社会里，每一个受过教育的人都应该接受经济学的基本训练。意见的反对者，应该比赞同者更需要接受学术方面的训练。因此，作为一个经济学家，首先要成为一名具有强烈公民意识的"意见领袖"。这既是一种责任，也是一种享受，而且要成为一名不抱任何偏见的专家，客观地对待经济问题和残酷的现实，确实需要一个冷静的头脑。"一个博学多识的人一定能够造福于人类和社会——这是我要求学生们永远不要忘记的。"在萨缪尔森的心中，经济学不仅非常有用，而且是一张愉快的通行证，宛如凯恩斯的香槟，带给人类无穷的乐趣。与此同时，在一套复杂但非常有趣的分析体系中，探究可以改进现实世界的问题，充满了希望和诱惑力。

---

① 参见《箴言》10：5。在这方面，另一个犹太经济学家赫伯特·西蒙的一个著名评论是值得注意的："你能用逻辑打败他人，但不能据此改变他们的看法。"

② 在过去，经济学在英国各所大学中被列为道德科学，而人称"现代经济学之父"的亚当·斯密也曾是格拉斯哥大学的道德哲学教授。

三、别闹了，费曼先生

1945 年 7 月 16 日清晨 5 点 29 分 45 秒，当第一颗原子弹在美国新墨西哥州微明的天空中爆炸时，理查德·费曼可能是唯一用裸眼观看的人。聚集在这里的著名科学家和政要每人都发给一副电焊工用的眼镜，费曼也不例外。但他永远都是个叛逆者，他没有戴眼镜，而是躲在一辆大卡车的挡风玻璃后面，他心想这么厚的玻璃一定能够挡住紫外线辐射。费曼深知那天将要发生什么事情，就是他领导一个小组，进行了第一个核裂变炸弹所需要的极其复杂的运算，从此，他被人们称为“科学顽童”。

关于这位“科学顽童”的轶事掌故多如牛毛，这在有关他的书中都有介绍[①]。费曼是美国著名的理论物理学家。1965 年与朝永振一郎和施温格分享了诺贝尔物理学奖。主要贡献有：建立量子电动力学新理论体系，参

① 参见《别闹了，费曼先生》，生活、读书、新知三联书店 1997 年版；《别逗了，费曼先生》，湖南科学技术出版社 2005 年版；《物理定理的本性》《费曼讲物理入门》《费曼讲物理相对论》《发现的乐趣》《你干吗在乎别人怎么想》《费曼的最后历程》，全部为湖南科技出版社 2005 年版“走进费曼丛书”；《费曼传》，高等教育出版社 2004 年版。

加“曼哈顿计划”，提出弱相互作用的矢量——赝矢量型理论，独立提出用跃迁振幅的空间—时间描述来处理几率问题的第三种量子力学表达法，调查美国“挑战者”号航天飞机失事的原因。从小到大，费曼特立独行，继承了犹太人聪明、怪异、幽默的秉性，赢得了科学界“1000年才出一个的科学鬼才”的交口赞誉。他有着风流倜傥的名声，喜欢在无上装酒吧里研究科学问题，是历史上唯一一个被按摩院请去画裸体画的科学家，他是一位开保险柜专家和邦戈鼓手，他曾和爱因斯坦与尼尔斯·玻尔等大师讨论物理问题，也曾在赌城和职业赌徒研究输赢概率，他是集荒诞与天才于一身的科学鬼才，连普林斯顿大学研究员的院长夫人，在和他初次见面时也禁不住大叫：“别闹了，费曼先生！”

理查德·菲利普斯·费曼，于1918年5月11日生于美国曼哈顿，父母亲都是犹太移民，父亲是一个服装制造商。在他母亲怀孕时，费曼的父亲就预言，如果生出来的是男孩，他长大后一定是名科学家。他母亲则回应说，蛋都没有孵出来，就在数几只鸡，未免言之过早。但父亲却很努力地让这一预言逐步实现。费曼还在坐婴儿椅的时候，父亲就会带一些小磁砖回家，在小费曼面前摆成一排，呈现出蓝白相间和白蓝相间的序列，引导他认出视觉上的韵律，也就是数学的雏形。费曼走路很早，但两岁多才会说话，让母亲担心了许久，但一开口就说个没完。父亲不仅在他很小时就给他买了大不列颠百科全书，而且还经常带他参观美国自然史博物馆，那里陈列着各种各样栩栩如生的动植物标本，还有高大的恐龙骨架模型。费曼的父亲展示给家人的是尊重知识和做事认真的态度，而费曼的幽默感和喜欢讲故事则来自母亲的影响。每天晚餐时，费曼全家在一起读书和讲故事，开心极了。费曼 5 岁的那年冬天，1 岁多的小弟弟因病夭折，这给家庭笼罩上悲哀的阴影。费曼很小就感觉到，人的生命的脆弱和自然灾害的残酷。费曼从小就是“数学天才”，经常帮助高年级的同学解决各种各样棘手的难题，他对女孩也感兴趣，但很腼腆。

伊丽莎白一世时代的戏剧家本 · 琼森写道 :“我确实仰慕这个人，我对他的仰慕，就像人们的那种偶像崇拜。”他对发表漂亮的论文毫无兴趣，他在为理解大自然的作品而奋斗，试图彻底重建物理学。除了他对科学非凡的热情以外，他对幽默和恶作剧有着超常的嗜好，他被许多人描述成“半是天才半是小丑”。正如他的一位学生费里曼 · J. 戴森所言 :“他写作时，夜以继日 ；把自己绷得紧紧的，一点也不放松，他根本想不到放松，直至虚脱 ；一旦他脱开身后，他又投入各种运动和放松活动；几乎是一种欲望，把他拉向他的书：但是一旦完成，他对悠闲的欲求就会变得更强烈、更热切。”[①]

参加“曼哈顿计划”时，费曼还不到30岁，但他在洛斯阿拉莫斯的恶作剧，却给当时那帮精英的记忆中留下了深刻的印象。

刚到洛斯阿拉莫斯时由于宿舍没完全盖好，规定最先到的一批理论物理学家暂时两人住一间。但费曼根本不愿两人住一间。刚去的第一天晚上他正好一人住一间，他决心将这一间据为己有，不让别人进来。正好他箱子里有妻子的衣物，于是他拿出一件女士睡衣放到另一张床上，还随意将几件衣服扔在上面；他又拿出妻子的拖鞋，在厕所地板上撒一些香粉。总之，费曼要人知道这儿住着两个人。如此过了4天，所有的人都安置好了，再不会有第二个人被安排进来。这着实让费曼暗地高兴了好几天。

另一件事是开保险箱。在洛斯阿拉莫斯由于娱乐活动受到限制，费曼为了打发闲暇时光，就以研究如何开各种保险箱为乐。不久，他这方面的名气人人皆知。他在捉弄了一位上校以后，看中了霍夫曼档案柜上的密码锁。那档案里装的尽是关于原子弹的机密文件，费曼对这些文件毫无兴趣，他想用一种实验心理学打开这神乎其神的密码锁，费曼心想，霍夫曼平日喜欢数学中的常

① 参见《发现的乐趣》，湖南科技出版社2005年10月版，序言第5页。

数，因此有可能用这些常数做密码。有一天他乘霍夫曼出门，溜进了档案室。他开始用圆周率 π=3．14159 这个常数，先试 31—41—59，没开；又试 59—41—31，还是不开；又试 95—14—13，仍然开不了。

费曼猜想，可能不会是 π 了。仅次于 π 的重要常数是什么？当然是自然对数的底数 e=2．71828，于是他用 27—18—28 试了一下。“咔嗒！”开了！费曼大喜。他拿了一份文件留下一张纸条：“我借用 LA － 4312 号文件。”霍夫曼发现以后，吓得脸色发灰，以为间谍潜入，这下他可要倒大霉了。当最后得知是费曼在捣鬼，他不但没发火，反而拥抱费曼。因为他担心的惩罚没有了，遗失原子弹密件只不过是一场玩笑，真该谢天谢地呀！①

原子弹的爆炸成功，显示了犹太科学家的智慧，这是希特勒在欧洲反犹的必然结果。二战后美国科学的高速发展，和这帮流亡犹太科学家汇聚到美国有很大关系。但是，后来，魔鬼缠上了制造原子弹的人，无论是爱因斯坦，还是尼尔斯·玻尔，还是奥本海默，他们的内心无不笼罩着不安的阴影，因为他们给人类带来了毁灭性的力量，原子弹仿佛打开了潘多拉的盒子。费曼比他们

① 《蘑菇云下的阴影——诺贝尔奖与原子弹》，杨建邺、徐绪森著，武汉出版社 2002 年 2 月版，第 187—188 页。

年轻，责任也小，他的忧虑更加私人化。他觉得自己拥有的知识把自己和普通人隔开了，他为什么对科学带来的核毁灭浑然不知？想到这里，他心如刀绞，何苦要建造那么结实的高楼大厦呢？除了上税和死亡外，究竟有什么是确定的呢？二战结束后，有相当长的一段时间，他非常痛苦，几乎无法工作。唯一聊以自慰的是，在康奈尔大学晚上的舞会中猛追女孩子，当她们听说他是洛斯阿拉莫斯实验室出来的科学家时，一个个溜走了，于是，他只能到酒吧和红灯区消遣。

1948 年的春天，27 位制造原子弹的物理学家在美国宾州波可诺山区的一家小旅馆聚会，奥本海默、尼尔斯·玻尔、费米、狄拉克等人纷纷到场。费曼在施温格演讲后，发表了演说，阐明了他的“不确定原理”理论，却遭到特勒和玻尔等人质疑，最后他的非正统“量子力学”理论还是成功了。但是，许多人还记得他在“曼哈顿计划”时的表现，奥本海默说他是原子弹团队中最聪明的年轻物理学家。至于他为什么会有这样的名气，没有人能准确说出来，只有少数几个人知道他在提高核爆炸效率的关键方程式上有贡献，但这个方程式在 40 年后仍被列为国家机密。费曼在前爆炸的理论方面也很出色，他算出一堆铀爆炸过早的几率，以资防范。

大家记忆犹新的是，他当时组装了世界上第一个大型计算系统，他的方法是把新的机械电子式商用计算机和用彩色号码编号的女计算员混合在一起，他当时被公认为计算机高手。有一次，他一下子就解决了一个困扰一大群科学家一个月的问题，让大家瞠目结舌；许多人认为他是魔术师般的高级天才，再加上他醉心于原创性，怪点子多，让人赞叹不已。有一位理论家这么说："他简直可以光着脚去爬勃朗峰了。"一位英国作家则说："说来实在奇怪……他如果行为太庄重，他自己反而会笑。他天生就喜欢卖弄小聪明，而且乐此不疲……"[①]当然，他的一位犹太同行、诺贝尔奖得主盖尔曼却想跟费曼较劲甚至有点敌视费曼，对什么费曼图、费曼积分、费曼规则，尤其是费曼传奇，有点不屑一顾。他说："费曼用神话来包装自己，而且花很多时间和精力来发明一些跟自己有关的小故事……在这些故事中，如果可能的话，他一定让自己看起来比别人更聪明。"[②]在这些故事里，费曼既是小丑，也像个浪子，不但引人嫌厌，有时更是天真过头。参与原子弹计划时，费曼在邮件安全检查官的眼中是个麻烦分子。但他在参与调查 1986 年航天飞机爆炸事件中，却赢得大家的一致好评：在一个听证会上，他用 C 形老虎钳挤压一块 O 形橡胶圈，再把

① 《费曼传》，高等教育出版社 2004 年版，第 10 页。

② 同上，第 8 页。

两个东西浸在一杯冰水里。他这项“小小实验”证明了橡胶在低温下会缺乏弹性。这无疑揭发了美国太空总署企图隐瞒真相，同时破除了官样文章，让大众知道意外发生的真正原因。[①]费曼仇视那些装模作样、道貌岸然的虚伪之人，他就像戳穿皇帝新装的小男孩一样，他天然是“权威”的敌人。所以，当玻尔要找一个不会畏于他的名望而敢于直言的人来批评自己时，他选中了当时还是“无名小卒”的费曼。费曼对人有时的确是无礼和不留情面，但他蔑视的是权威，对普通人却非常客气而有礼貌。在真理面前诚实第一，名望、财富皆微不足道。他最讨厌的是那些装腔作势的家伙。

费曼总是说他研究物理不是为了荣誉，也不是为了奖章和奖金，而是因为它好玩，是为了一种纯粹的发现的快乐——探明自然如何运作，什么使它如此准确。他的遗产是对科学的沉醉和奉献——它的逻辑，它的方法，它对独断论的反抗，它对怀疑的无限包容。他相信，如果以负责的态度运用科学，科学就不仅有趣，而且对人类社会的未来有不可估量的价值。这就是他的人生信条。像许多伟大的科学家一样，他还喜欢把对自然规律的惊愕与同事和外行人分享。此外，他兴趣广泛，对宗教、哲学等方面同样有独特的体验。在计算机的未来、纳米

① 《费曼的最后旅程》，湖南科技出版社 2005 年版，第 1 页。

技术的未来方面，他同样有惊人的先见之明。

费曼说："如果火星人来到地球，发现地球人在活了七八十年后必会死亡，他们必然认为地球人在认识生命是短暂的之后，一定是活在巨大的心理压力之下。"没错，然而我们人类总要设法活下去："因此我们欢笑，我们开玩笑，我们照样过日子。"他又说："为什么要去理会那些让你难受的想法？例如，为什么我们运气这么不好，上帝为什么这样对待我们……这些事情没人了解，你的境遇只是生命的一个偶然而已。"另一个犹太科学家魏格纳认为，费曼有非常纯洁的灵魂和超凡的天才，同样是一个有十足热情的凡人，从不掩饰自己的喜怒哀乐。因此，在他与癌症斗争的10年中，虽然经历了无数次危险的大手术，却从未中断他的"探险"和"嬉戏"。费曼说："有太多的事我是一无所知的，例如去问'我们为何在这里？'是否有意义。我或许会想一下子，如果没有答案，我就会将它搁下。我不要有个确切答案，迷失在一个神秘而没任何目的的宇宙并不会让我害怕，依我所知的一切，宇宙就是这样，或许吧，它不会吓着我。"费曼在认定人生的荒谬性后，仍然能满怀激情，这一点让人深深感动。

费曼和爱因斯坦一样，是一个不相信上帝的犹太人，他们信仰的是斯宾诺莎的上帝。因此，在他父亲的葬礼上，他拒绝跟着犹太拉比念祈祷文，即使是为了他的父亲，他也不愿意虚伪地祈神祝福。但是，他骨子里还是一个犹太人，他虽然从来没有看过犹太法典《塔木德》，但他对神学院的拉比说："犹太法典是本很神奇的、伟大的、类似文学作品的东西，尽管有些琐碎。"但他反对许多拉比用一生的时光去诠释犹太法典。"想想看，在今天的时代，大家学习的目的是加入社会，做些事情——就算是做个犹太拉比。但令他们对科学产生兴趣的唯一原因，却只不过是由于那些古老、狭窄和从中古时期遗留下来的问题，在面对新现象时碰到其他新问题时，该怎么办？"当有人问他，为什么获诺贝尔物理学奖的许多人是犹太裔时，他回答说："原因在于犹太人具有尊重学习的传统：他们尊重拉比，也尊重教育。"[①]

费曼说得很有道理。

---

① 《别闹了，费曼先生》，生活 · 读书 · 新知三联书店 1997 年版，第 371–375 页。

四、盖尔曼：天才加奇才

英国著名学者J. 布洛诺夫斯基在他的代表作《人之上升》的一开篇写道：

> 人是一种非凡的动物。人具有一整套使自己在所有动物中显得无与伦比的天赋才能，因此人并不像其他动物那样，只是自然景观的一个景物，而是自然景观的塑造者。

回想人类文明的艰难发展历程，确实如此。人类不仅尽情地欣赏神圣的自然之美，而且塑造了许多神奇的物质内部景观。现代物理学的发展，就是从古希腊哲学大师德谟克利特关于“万物皆由原子组成”的伟大猜想开始，不断进行创造和发现，显现了人类物质世界的神奇和复杂。在电子、质子之后，又接二连三地出现了中微子、中子、正电子、介子……1964年，一位世界物理学界的“天才加奇才”再一次提出了一种伟大的猜想，震惊了全世界，并获得了1969年的诺贝尔物理学奖。

他就是——“夸克之父”：盖尔曼。

这位15岁就进入耶鲁大学、22岁就获得麻省理工学院博士学位的神童，在23岁时就为基本粒子引入了一个新的量子数——奇异数，从而引发了一场物理学革命。此外，他还创立了基本粒子分类的八正法，并第一个指出所有物质均由更基本的组元——“夸克”构成。这些贡献极大地推动了人类对微观世界的认识。在获得了诺贝尔奖以后，他还发起创立了一个跨学科研究中心——圣菲研究所，以研究在自然和社会中广泛存在的各种复杂现象。

盖尔曼不仅是一位理论物理学家，并以学识渊博闻名。他曾沉溺于几乎所有事情——古代历史、考古学、语言学、野外生态学、鸟类学、钱币学，以及法国烹饪和中国烹饪——并且总是时刻诱惑别人与自己交谈，仿佛故意暴露别人的浅薄。他曾带着来访者到中国餐馆就餐，用听起来还过得去的汉语点菜。他曾在加德满都和唐人街上闲逛，并大声读出那些招牌的名字，让在场的人佩服得五体投地。但是，他也有表现糟糕的时候，当某人问了一个非常愚蠢的问题或与他意见相左时，他则会故作呻吟状或发出无奈的叹息，让别人非常地尴尬。在盛大的诺贝尔奖晚宴上，盖尔曼用瑞典语发表了一通演讲，倾倒了主办者。不过随即，主办者感到的是迷惑，继而是愤怒，因为他没有交上将在年度特庆专刊中发表的正式演讲稿。他对写作一向有恐惧心理，这是他一生中最困扰他的事情。这一次，他不得不低声下气地道歉，应付一个又一个的急电，最后，他还是坦言——在出版截止日期因为他一而再再而三地延长了几个月后——他根本交不出演讲稿。在各年诺贝尔奖的纪念专刊中，你可以发现一页空白，这是为盖尔曼留下的。[1]

他既是一个迷人的谈话者和带歉意的拖延者，又是一个话语刻薄但从不悔过的人，他曾羞辱过一些著名的物理学家，也培养和推荐过许多青年精英，甚至还认为一些青年物理学家对夸克模型的“开创性工作”远远超过自己。总之，他是一个非常怪异的人。圣菲研究所新来的秘书有次犯了个错误，她向盖尔曼提及她刚刚看过一个关于费曼的电视节目，费曼自从去世以后，名声日隆。盖尔曼发作了，他大肆攻击这位老朋友的声誉，让这位秘书不知所措。因为，有时他非常想念这位好朋友——但他不愿看到费曼像一个去世的摇滚明星那样，成为一尊偶像。他年迈的时候，终于有所变化，黄昏时常常独自沉思，嘴里喃喃自语：“每个人都对我那么好，我必须感激他们。”尤其是回忆起他的英年早逝的

① 《奇异之美——盖尔曼传》，上海科技教育出版社 2002 年 12 月版，第 9–10 页。

恩师——恩里科·费米时，他的眼圈常常发红。也许是他哥哥的影响，他终生对大自然和鸟类情有独钟。1985年，他还专程穿越美洲的热带森林，乘船到亚马逊河低地雨林作探险旅游。正是在这次旅游中，他在荒野丛林中近距离看到了美洲豹,还“嗅到了一股刺鼻的臭味……听到它穿越矮树丛时踩断灌木的噼啪声”。他“看见了美洲豹的尾巴，可倏忽之间它就消失了”。他遗憾地叹息:“这位动物之王，就这样与我们失之交臂了！”不过，他由此想到了夸克与美洲豹之间的关系，写出了一本有趣的奇书《夸克与美洲豹》，未出版就拿到了著名的矮脚鸡出版社拟付的55万美元的25%的预订金。有趣的是，盖尔曼是一个完美主义者加办事拖拉者，手稿迟迟交不上来，出版商多次要求他退还预付金。最终《夸克与美洲豹》还是出版了，并卖给了世界上十几家出版商，赚了100多万美元。再一次创造了奇迹。①

盖尔曼于1929年9月15日生于美国纽约，是一个归化了的东欧移民，盖尔曼常常对自己的家庭出身守口如瓶。由于受父亲的影响，默里从小就是一名“天才儿童”。3岁的时候，他就心算大数字的乘法，7岁的时候，他在拼写比赛中赢了比他大5岁的孩子。那个

① 《走向微观世界——从汤姆逊到盖尔曼》，杨建邺等著，武汉出版社2000年4月版，第218-220页。

词是“传票”，他不但拼写正确，还纠正了主考官的发音。上学的时候，每次老师提问问题，他的手就举得老高。一旦老师让另外的孩子回答并答错了，他就很生气，从小就是一个爱出风头的家伙。放学后，他到附近的棚户区上钢琴课，他对那位二十出头、迷人漂亮的女钢琴教师佩服得五体投地。而这位女教师也对这位衣着整洁的男孩的聪明留下了非常深刻的印象。其他孩子常常会揶揄他：“自作聪明的小子，你以为你什么都知道呀！”默里认真地回答：“我真的什么都知道啊！”他并不是狂妄自大，只是在陈述一个事实，他不明白为什么会引起别人的反感。但是，女钢琴教师却非常喜欢他，经常邀请他到家中做客。一天，老师把他引见给她的一位艺术家朋友，结果默里给他上了一堂艺术史课。还有一次，老师带他去听一位年轻艺术家的演奏，刚弹了几秒钟，默里就开始批评音乐家对谱子的理解：“八度辅点音符在哪儿呢？”音乐会结束了，老师问他是否愿意上台去一睹艺术家的风采，默里却不感兴趣。“那么，如果是爱因斯坦，你会过去吗？”对此，8 岁的默里回答道：“当然，他比我强。”事实上，他长大后见到了爱因斯坦，但也没有过分的举动。这也许是犹太人“反对偶像崇拜”的戒律在起作用吧。在他 8 岁生日的时候，默里获得了全额奖学金，进入了私立哥伦比亚文法学校。在公立学校已经跳了一级半，哥伦比亚文法学校又让他跳了两级。就这样，默里成了一名非常年轻的六年级学生。

在哥伦比亚文法学校，获得全额奖金奖的人很少很少。这个比班上所有同学都小 3 岁的犹太男孩，一入学就以超常的智商吸引了人们。对同学们来说，他就仿佛一部《大不列颠百科全书》一般，无所不知。除了功课以外，他还是数学和历史俱乐部的成员，辩论俱乐部的主席和国际象棋队队长，他不仅踢足球，并且是网球队队长，还是校报的主编。据该校年鉴报告记载，他被选为“最用功的学生”,同时又赢得了“天才男孩”的称号。毕业时，默里代表全校毕业生致告别辞。

1944 年，15 岁的盖尔曼考入了耶鲁大学。在耶鲁大学的时候，他同样是最优秀的学生。当其他同学还在课堂上艰难地啃着枯燥的电动力学课程时，他已将作业的答案全部搞定。一天晚上，一个同学向他请教一道难题，默里稍加思索就把答案告诉了他，该同学说：“这不是我想要的，我问你是如何给出答案的。”但默里变得有点不耐烦，因为他常常对简化的步骤忽略不计。后来那位同学很自卑，由物理系转到数学系，毕业后开办了许多电影院。默里在轻松谈笑间拿下了许多课程，并常常出去喝啤酒、吃夜宵或参加自由辩论，成为那些能够容忍他无所不知的同学的伙伴，并参加了许多反叛意识很强的高级学生社团。一次，他和一帮同学穿着罩着头巾的长袍，尾随在一群刚刚从“坟墓”回到宿舍的同学身后，以此嘲弄这些社团故作深沉。还有一次，他们冲进了最秘密的社团“骷髅会”的房间。这个社团的成员中就有乔治·布什。

在耶鲁大学刻意追求的“典雅”中生活了4年之后，刚刚来到麻省理工学院的人就会发现它的确有些邋遢。默里在自己的导师韦斯科普夫（维奇）身上并没有发现那种邋遢气。维奇曾受雇于奥本海默，在洛斯阿拉莫斯工作过，是物理学领域中的一颗耀眼的新星。维奇出生于一个富有的维也纳家庭，装饰豪华的家就坐落在富丽堂皇的市政厅对面，附近是精心修饰的公园。他的家里有女仆，还有一个厨师和一个保姆，像很多维也纳犹太人一样，他们曾自豪地认为自己是奥地利人。维奇的曾祖母接管过一家行将倒闭的银行，并发了大财。他们经常去听歌剧，参加音乐会，上钢琴课。孩子们接受的教育是尊敬歌德、席勒和其他伟大的德国作曲家。维奇从小就养成了优雅和自信的性格。因此，默里对麻省理工学院的偏见很快就被兴奋所代替。维奇曾经做过薛定谔的助手，还师从过马克斯·玻恩、海森伯和尼尔斯·玻尔，无论是令人费解的波粒二象性，还是亚原子的“不确定原理”，以及叼着烟斗神秘的玻尔把原子量子化……

维奇都了如指掌，并在课堂上以讲故事的形式描述得栩栩如生。默里以惊人的记忆力保证他的大脑中的东西永远比别人多，像一台知识吸尘器一样吸空导师的所有知识储备。

1947年，当默里还在耶鲁大学的管道里探险的时候，维奇就开始和一大批先后获诺贝尔奖的弟兄们在谢尔特岛的一个老式旅馆探讨问题。其中有拉比，正是他将哥伦比亚大学变成了物理学的发电站；还有汉斯·贝特，一个慢慢腾腾的德国人，他的原子物理学知识就像一部百科全书，正是他从理论上论述了热核聚变如何使得恒星发光；此外，还有“计算机之父”冯·诺伊曼和“氢弹之父”爱德华·特勒，冯·诺伊曼帮助开发了用来模拟第一次核爆炸的数学方法。这些人大都是来自匈牙利的犹太人，并和尤金·维格纳与利奥·西拉德等人宣称，他们是“来自火星的高等生物”。此外，还有尼尔斯·玻尔的弟子约翰·惠勒，以及三位犹太天才：亚伯拉罕·派斯、理查德·费曼和朱利安·施温格，他们大都年近30岁，早就为“谁是最聪明的小伙子”这一头衔而相互竞争。盖尔曼在耶鲁的强硬对手布雷特也在其中。主持者是奥本海默，曼哈顿计划之后成了维奇的老板。这是一次名副其实的名人聚会，届时一颗精心放置的炸弹将要摧毁整个领域。维奇由于过于粗心大意，丧失了一个绝好的机会——同施温格、费曼和朝永振一朗同获诺贝尔奖。维奇后来认为，问题的关键在于他从来没有长时间集中钻研一个问题，相反，一受到好奇心的驱使，他就从一个问题跳到另一个问题，说白了，他缺乏一种执着钻研的精神。但维奇认为，自己是一个优秀的教师，他愿意把自己掌握的知识传授给别人。况且，他一直生活在量子物理学的前沿。

维奇喜欢让学生发言，看看他们的基本功是否扎实，但他反感默里的夸夸其谈。除此而外，他还很难理解盖尔曼对自己的犹太出身讳莫如深。在维也纳有很多人叫格尔曼，但是没有一个人用盖尔曼这个夸张的名字，仿佛在故意模糊他的犹太祖先。在一定程度上，他对此表示同情。生为犹太人只是一种偶然，为什么一定要成为一个人身份的一部分呢？在柏林大学，维奇曾经恐惧地透过办公室的窗户看着纳粹恶棍凶残地在校园里鞭打学生。（有时他会把受害者带进房间并帮助他们从后门逃走。）犹太身份不像头发的颜色那样仅仅是一件微不足道的事情，维奇想不明白为什么有人会轻率地忘掉自己的祖先。

尽管刚刚 20 岁，默里已经成为一名传奇人物。他的同学总是很纳闷，他到底哪来的时间学习核物理并且搜寻那些他喜欢的隐秘的事实？他仍然每天优哉游哉，看不出花多少时间在学习上。他的密友们认为他在耶鲁一定埋头苦读，积攒了大量的知识储备，所以现在才如此轻松。其实，他花大量的时间读麻省理工学院的课本，他认为这些课本要比耶鲁大学的课本好得多。1951年1月1日,默里拿到了麻省理工学院的博士学位。

在普林斯顿高等研究院1933年开门后，爱因斯坦突然发现这所研究院让人感到压抑，以至他寄信时在信上的落款地址写的是“普林斯顿集中营”。比利时女王是爱因斯坦的好友，爱因斯坦在给女王的信中对这座小城的描述已经成为一段传奇：“不伦不类、古怪而又死板的乡村。”在当时，爱因斯坦生活在郁闷当中。要不是纳粹的迫害，他宁愿待在柏林，谁喜欢普林斯顿这个鬼地方。后来，研究院从普林斯顿大学迁往城郊的一个旧农场，虽然偏僻却大腕云集，爱因斯坦、冯·诺伊曼、经济学家维布伦、逻辑学家哥德尔。盖尔曼等青年科学家应邀在学院逗留一两年，目的是体验那里的学术氛围。

爱因斯坦在这里度过了生命的最后几个年头，默里有时看到他与哥德尔在林间小路散步，哥德尔是个小矮个，不知他们是讨论重要问题呢，还是在消磨时光。默里发现，大家所推崇的爱因斯坦是一位愚蠢地拒绝接受量子理论的头发蓬乱的老人，这让他多少有点悲哀。为什么不是那位精力充沛的发明相对论的26岁年轻人呢?

后来，默里后悔没有利用那段时光结识爱因斯坦，但他无法想象和一个如此沉湎于往事回忆的人谈话。看到有些人千方百计地讨好爱因斯坦，默里感到非常厌恶，决意不与这些人为伍。他与爱因斯坦的交往，仅仅是见面互相问个好而已。在奥本海默的感召下，研究院里云集了一大批年轻的天才，戴森 27 岁，杨振宁 28 岁，李政道 24 岁，费曼、施温格和派斯都 32 岁，默里最年轻，只有 21 岁。

芝加哥大学是雄心勃勃的青年物理学家最理想的场所。教员中有爱德华·特勒和西拉德，以及化学家哈罗德·尤里和威拉德·利比。但最引人注目的是费米，与他打交道的是一大批实力雄厚的新星，包括盖尔曼在内。其结果自然是各种思想相互交融，就像原子堆内跳飞的粒子一样不可思议和丰富。有人将当时的芝加哥大学比作玻尔领导下的哥本哈根大学或卢瑟福领导的卡文迪什实验室。一位匈牙利物理学家说："在这个时代，最愚笨的人也引以为荣。"费米和盖尔曼在当时出尽了风头，被列入别人最敬佩的人之列，费米是以科研征服人，盖尔曼则以博学和无所事事令人钦佩。尤其是周末，默里要么和朋友下饭馆纵论国际形势，要么是独自练习中文，并经常给神学家侃神学，为航海家讲航海，偶尔还为一些狂妄的科学家解决物理难题。盖尔曼常说，粒子物理学是最崇高的学术职业。其实，他在这方面有点自命不凡。他常常断言，除物理学以外的所有学术都是二流学术：因为其他学术只不过是把学到的智慧用到新的情况下；而粒子物理学，则可以探寻物质最根本的规律，是其他所有学科的基础。①

不久之后，他就为基本粒子引入了一个新的量子数——奇异数，从而引发了一场物理学革命。时年默里23岁。

盖尔曼喜欢反复思考自己大脑中的问题。当一位自由作家向他询问对于科学和基础教育的看法时，他兴奋地答道："如果一个孩子长大后能成为一名科学家，他会发现，他整天做那些人类有史以来所发明的最有趣的游戏，居然还有报酬。"令他着迷的并不只有粒子，他结婚时至少有6种语言比他太太强，包括数学。他唯一的不足是，不喜欢写文章。也正是由于他的博学，使很多人和他在一起的时候感到不自在和浅薄，再加上他天生不善社交，常常显得令人讨厌。只有一人可以对付他，那就是费曼，因为费曼常常可以和他开一些严肃的玩笑。一天，费曼漫不经心地问起"美元"一词的来历，但他问完又后悔了，这不是又给了他一个展示自己知识的机

① 《奇异之美——盖尔曼传》，上海科技教育出版社2002年12月版，第110－112页。

会吗？果然，默里开始滔滔不绝地从16世纪波希米亚的硬币谈起。但默里对到家里的朋友还是非常热情，供应的马丁尼酒冰凉而且非常充足。有一次，一位朋友喝多了，出门不久便摔倒在前院的草地上。第二天清早，一个邻居来敲门，告诉默里他担心这里发生了凶杀案，而尸体就在路边。费曼也经常和默里在一起喝酒，他在一篇文章中写道："一天晚上，在一家酒吧，我栽在便盆里，被打成了黑眼圈名人。"1959年2月，刚过30岁的默里获得了一项由美国物理学会和物理协会共同设立的"丹尼·海涅曼数学物理学奖"的头奖。颁奖仪式后，他花2500美元买了一辆美洲虎轿车。默里耶鲁大学的同班同学——世界著名学者塞缪尔·亨廷顿给他寄来了贺信："干得好，老同学……这下你让我们所有的人都看起来太落伍了。"这年稍后，曾拒绝他申请物理系研究生的耶鲁大学，授予他荣誉博士学位。

在科学研究中，默里特别喜欢同别人合作，尤其是同年轻人合作，他们大多充满活力、思维敏捷。人们路过他的办公室时，常常可以听到一帮科学家在大声争论。虽然有时默里对人过于苛刻，但和他相处还是很有情趣。一位科学家由于受不了他的脾气，一度躲避默里，在咖啡馆闲逛，学习法语，试图破解他聪明的密码。几天以后，与默里不期而遇，默里总会生气地说："你跑到哪里去了？这几天我又有成千上万的想法。”与他合作最愉快的是后来获诺贝尔奖的年轻哈佛犹太物理学家格拉肖，除了相同的精神以外，他们都喜欢豪华的餐厅和昂贵的跑车。唯一不同的是，格拉肖经常开着跑车往返于各大城市之间，他在每个城市都有不同的女友，是一名典型的“国际花花公子”。格拉肖对默里有三大不满：强迫他了解一些他真的不想知道的东西，强迫他吃一些他真的不想吃的东西，并时常诋毁他的导师——另一位犹太大物理学家施温格。而默里对格拉肖却大加赞赏。他们经常一起去一家酒吧喝酒，而且大多是下午 5 点半去，那样他们就可以一整晚享受 53 美分一杯的饮料。在一次探险中，他们迷了路，停车向一位印第安人问路。那个人听不懂他的西班牙语，改用当地方言回语。没过两分钟，默里就开始用那种晦涩难懂的语言同那人交流。

1962 年 2 月，盖尔曼在几经挫折之后，终于向全世界公布了自己的“八正法”。按照默里的解释，“八正法”不只是因为在每个表示中有 8 个可能的旋转和 8 种粒子，而且是因为佛祖的一句关于获得涅槃的 8 种方法的格言：“喂，僧侣们，引导我们远离痛苦的崇高的真理，乃是至高无上的八正道：即正见、正思维、正语、正业、正命、正精进、正念、正定。”恐怕连佛祖也没想到自己竟如此佛法无边。但在别人嘲笑他的“八正法”时，除了佛祖在他心中以外，他太太对他的鼓励也非常重要。她写信给远在印度的他，描述自己如何度过一个个孤独的夜晚：我的至爱，丽莎已经睡了，除了蟋蟀的鸣叫声和钟表的滴答声几乎没有任何东西能打破这里的寂静。“外面的花园里很凉爽，气味也很芬芳，水池已经干涸而且发着亮光（它看起来很好,就像你以前看到的那样）……我马上要爬上楼梯的书房，等待你叼着你的烟斗，等待你写着你的方程。毕竟，这是思念一个人的很好的方法，只要你确信他会回来。”

盖尔曼最喜欢的是大作家乔伊斯深不可测的小说《为芬尼根守灵》，最吸引他的是下面几句诗：

——冲马克王叫三声夸克！
他一定没有从一声吼叫得到什么，
他所有的东西肯定是在这个痕迹之外。

太好了！这正是把夸克三重态用来构成八正法的八重态和十重态的描写。自命为一个业余的乔伊斯研究者，他注意到“冲马克王叫三声夸克！”也可以作为小酒馆中招呼来一杯酒的叫声，它符合默里最喜欢的发音。文学的评注也可以像粒子物理学那样有创造力。他也很快地了解到在德语中“夸克”是指一种软软的、有点味的干酪，并且也可以在俚语中表示“无稽之谈”。当八正法还刚刚出来时，几乎没有物理学家想接受如夸克这样稀奇古怪的东西。但不久人们就把他叫作新的门捷列夫。“夸克”到底“实际上”是什么？夸克或场甚至中微子和电子，究竟在多大限度内是存在于宇宙中？而又多大限度只是人类心智的发明？一时还很难说，人们众说纷纭，莫衷一是。盖尔曼解释道，一个理论家的好坏要用他发表的正确想法的数目减去错误想法数目的两倍来判断。有奇异数、V–A 以及八正法理论在握，他并没有多少困难去经受对夸克的怀疑。他说：一旦强力和弱力被驯服了，一个统一的原则将最终被找到，它可以把自然界的所有力都统一起来。电磁力、弱力和强力最终将被放进一个理论框架中。他不知道那个统一理论会是什么形式——是一个场论还是一个靴袢理论。他说，还是后者现在看来更有希望，但是场论可能还是有未来的。1969 年，他终于获得了诺贝尔物理学奖。

恭喜！校园理发店的忠实顾客盖尔曼先生。三位理发师将同时为您服务。

所有的人都向他表示祝贺。1972 年，他在澳大利亚关于夸克的一篇演讲中说道：

在我们的工作中，我们总是处于进退两难的窘境中；我们可能会不够抽象，结果把我们模型中假想的目标变成了吞噬我们的真实的怪物。

五、美国“公关之父”伯奈斯[①]

爱德华·伯奈斯是心理分析大师弗洛伊德的外甥，他借用舅舅的心理学理论，让大众购买原本不需要的产品，并且影响大众对事物的看法与种种观念，从而博得“公关之父”的称号。

没有人比伯奈斯更懂得宣传包装，更懂得如何扭转群众意识，又如何化群众意识为集体行动。他叱咤美国商场几十年，不仅创造和包装过无数风云产品，而且左右着选民的投票行为与多任美国总统的重要决策。他首创的公关理论不仅被写入群众心理学和行销学的教科书，而且被许多广告公司和公关人员反复实践。

他是一个让女性抽烟成为时尚的人；

他是一个教美国人改变家居布置的人；

他是一个曾左右“香蕉王国”政治的人；

他是一个帮助柯立芝入主白宫的人；

他是一个长命百岁、非常迷人而且极具道德争议性

---

① 本文主要参阅了《公关之父伯奈斯》一书，[美] 赖瑞·泰伊著，刘体中译，海南出版社 2003 年 6 月版。

的人。

点燃美国

一位青年打算和新婚妻子举行一个现代化的婚礼。婚礼就在纽约市一座朴实无华的教堂中举行，既不需要家人和朋友，也不穿婚纱和燕尾服，更不要乐队和鲜花，就连结婚戒指都没有。对于这对 1922 年的自由派青年来说，戒指正是对妻子的奴役象征，而他们就是要对抗这种传统。甚至连婚礼举行的时间，都仔细地基于隐私性加以挑选。当新郎和新娘抵达的时候，市政府大钟的指针指向 12 点差 5 分，也即教堂即将关门的时候。这样，无论这对新婚夫妇是多么有名的人，媒体都不大可能在次日报道他们的婚礼。

然而，这位青年最终还是无法保守自己的秘密。刚一结完婚，他就向他的同事和几百位好友通知了自己的秘密婚礼。与此同时，他说服了新娘在下榻之酒店以娘家的姓氏登记住宿。果然不出他的所料，酒店通知了所有的媒体，新闻就是一对新婚夫妇用各自的名字登记了住宿。在那个年代，这是一则象征“妇女独立”的破天荒的新闻。更具新闻性的是，这家豪华的饭店同意了这件事。第二天，有 250 家报纸同时登载了这则消息。一夜之间，这对夫妇成了全世界女权运动的急先锋。

这位出手不凡的行销高手成功地推销了自己，他就是出身于奥地利、有犹太血统，身高只有 5 英尺 4 英寸的爱德华 · 伯奈斯和妻子多莉丝，伯奈丝是人们对他的昵称。他的母亲正是弗洛伊德的妹妹，而他父亲的妹妹，就是弗洛伊德的妻子。在他将近 1 岁的时候，随父亲离开维也纳，到达美国纽约。他于 1912 年 2 月毕业于康奈尔大学农学院，时年 20 岁。1928 年，在他 36 岁的时候，他的事业开始大展宏图，他利用舅舅的心理学知识，成功地为美国烟草公司推出的“幸运牌”香烟开发了女性市场。

为了达到目的，伯奈斯展开的第一波宣传攻势，就是进行人与甜食的对抗。首先他说服一位摄影师，鼓动其他艺术家一同赞美纤瘦的身材。这位摄影师在一封公开信中写道：“身材修长的女子，配合上柔软度与优雅的线条，正创造了一种可爱女性的新标准。这些人如同广告中所说的，不吃甜食与点心，选择香烟……我想知道我的意见是否与其他人相同，也很希望得知你们在这方面的看法。”这封公开信不仅送到了报社发表，而且类似的“调查”报告也针对演员、运动员、美女、社交名媛以及男性舞蹈者征询结果。许多杂志社不断收到最近流行瘦身的报告，而报社还收到诸如前任英国健康医学中心协会主席的证词，警告大众甜食会侵蚀牙齿，并且告诉大家“正确的餐后食品，应该是水果、咖啡和一根香烟”。一位医师还发表文章说：“水果帮助强化牙龈，并且清洁牙齿；咖啡则会刺激唾液分泌，形同漱口；而最后来一根香烟，则不仅能消毒口腔，还能放松神经。”伯奈斯甚至还说服了一名舞蹈老师站出来证实“在舞池中，重的身体不仅让舞伴难过，而且容易造成舞池拥挤。今日的舞者在面对自助餐与美食的诱惑时，最好选择抽烟来代替”。

紧接着，伯奈丝还开始设法直接改变人们吃的习惯。呼吁饭店要把香烟增加到餐后点心的菜单里，并且在一家著名的杂志里发表了精心设计的系列菜单，建议读者在午晚两餐应吃适量的蔬菜、肉类和碳水化合物，“伸手拿香烟，不要拿甜点”。此外，还建议人们改进厨房，在橱柜里不仅要有放茶和咖啡的容器，还要有放香烟的容器。不久，伯奈斯还发表大量笑话来推进“反甜食运动”。他最希望的结果就是，引发有关甜食的争论。[①]

随着反甜食运动的第二波宣传攻势，美国烟草公司当年的营业收入增加了3200万美元，“展现的销售成长

① 伯奈斯自己倒是从来没有抽过烟，尽管他的太太多莉丝抽了几年烟，后来，在一次谈话中他承认：“我不喜欢香烟的味道，我比较喜欢巧克力。”

率，比所有其他香烟加起来还要高”。这使美国烟草公司的老板希尔非常高兴。1929 年初，他召见了伯奈斯并且询问：“我们要如何让女人在街上也能抽烟？她们现在在室内开始吸烟了，但是天哪，如果她们有一半的时间在户外，而我们又能让她们在户外抽烟的话，我们的女性市场就可以几乎加倍了。做些事情吧，立即行动！”[①]

伯奈斯明白，这次他们的对手太强大了，那就是长期以来让女性无法在公开场所吸烟的社会禁忌，挑战传统是一件非常艰难的事。因此，他说服了希尔，请他出面邀请弗洛伊德的一位弟子布利尔医生做了一项研究。布利尔指出：“女人想吸烟是非常正常的。妇女解放运动造成了许多女性欲望被迫隐藏起来。许多女子现在和男人一样出外工作。许多女子不生孩子；还生孩子的女性有很多也只生比较少的孩子。女性的特征被迫隐藏起来了。通常和男性画上等号的香烟，在此时就可以拿来当成象征自由的火把。”这一观点使伯奈斯灵感迸发，何不号召由一个知名女性组成的大游行，让她们点亮这“自由的火炬”呢？这个活动应该选在复活节这个象征灵魂得到自由的假日，地点应该在第五大街这条美国最

① 《公关之父伯奈斯》，[美] 赖瑞 · 泰伊著，刘体中译，海南出版社 2003 年 6 月版，第 38–39 页。

具代表性的大道上。

于是，由秘书草拟了一份30位著名女性的名单，并接着给她们发电报，电报上号召“为了争取两性平权，反抗性别歧视和对抗愚蠢的偏见”，我们要游行并“沿路吸烟”。然后再由当时一位著名的妇运领导人，在纽约各大报纸上发表公告和签名。在伯奈斯的精心策划下①，游行非常成功，“妇女首度在大街上公开抽烟的故事”成为当时各大报纸的重要新闻。在媒体的大肆宣传下，波士顿、旧金山和底特律等地也出现了类似的妇女游行，而每位参加的妇女照例手里都拿着香烟。几周后，百老汇的剧场出现了一场骚动，因为他们让妇女进入过去只许男性进入的吸烟室。

有趣的是，虽然是伯奈斯和美国烟草公司一手策划了这些活动，但档案里却找不到相关资料，因为发起人

---

① 伯奈斯不仅精心选择了游行的路线、游行者和所经过的教堂，以及不断有人在这些教堂前面加入游行的行列。注意事项是：每间教堂附近有3名妇女加入游行阵容，游行的人应该标致，但不能太像模特。她们不能直接从台阶上下来时就抽烟，而是在加入游行队伍后再开始吸烟。而且抽烟的细节也是提前“排练”好的。举例来说：一名女子看见另外一名妇女抽烟，于是打开自己的皮包，拿出“幸运牌”香烟，但忘记带火柴了，于是向另一名妇女借火。还有，这些妇女中至少有一部分要由男士陪同。此外，为了确定这场游行能流传后代，伯奈斯还安排了一名摄影记者随行，记录下那历史的瞬间，然后送交各大报刊免费使用，免得万一某些读者没能捕捉好镜头，而错过报道的机会。

是和烟草公司没有任何利益关系的商会联盟和一些女权运动的领袖、摄影家和舞蹈家。当然，由于复杂的历史背景，我们无法对伯奈斯进行道德审判。另一个事实是，尽管女性吸烟已成为时尚，但美国烟草公司的幸运牌却不受欢迎，因为幸运牌香烟的绿色包装与女性的服装颜色不协调。于是，有人向希尔建议改变包装——换成中性的颜色，但希尔不同意，他不愿意废除“花了上百万经费宣传出来的这种包装”。伯奈斯却提出了一个大胆的建议：“既然你不想改变香烟包装的颜色，那就把服装的流行颜色改变成绿色。”

要改变整个国家对服装流行颜色的品味？谈何容易！没有几个人能想得出来，也没有几个人知道怎样实施，而这正是伯奈斯的特长——他用了6个月的时间，就改变了时尚。

值得一提的是，当幸运牌香烟销路大增的时候，社会上却两次传出谣言，一次是说美国烟草公司解雇了所有的售货员，一次是说美国烟草公司的员工患了可怕的麻风病，而且幸运牌香烟上染有麻风病毒，并解雇了犹太裔的员工。[①]镇压流言，是伯奈斯非常擅长的一个领域，伯奈斯消除谣言的第一条法则就是，绝不以公开方式重复谣言，这样只会助长谣言；第二条法则就是，公布事

① 在经济大萧条的时期，这种谣言非常具有煽动性。

实和数字。正确的理论指导正确的行动：首先，伯奈斯设法让当地的高级卫生官员，颁奖给美国烟草公司，奖励该公司工厂的“一尘不染”；其次，他让美国烟草公司的销售员直接进入犹太人开的香烟店，一本正经地推销“幸运牌”香烟，并告诉这些店主，美国烟草公司的香烟近期销路不错，而且他是一个犹太人，美国烟草公司还有一大批犹太人为他们做事。伯奈斯告诉这些销售员：“除了这些以外，什么也不要多说。谈话的时候不要带感情、不要争执、不要打赌、不要吸引群众。”之后，他又请美国犹太人协会、《犹太论坛报》和一些其他组织展开调查，而调查结果是驳斥了上述谣言，并向传媒界发新闻稿，歌颂犹太人在该公司的卓著成就。

当谣言开始沉寂时，在伯奈斯的催促下，希尔开始感谢这些犹太社团的大力协助。而表达谢意的方式是，给一些犹太儿童之家、犹太慈善团体、犹太电信组织和犹太福利联盟捐款，还给美国犹太退伍军人会敬赠了5000包幸运牌香烟，请他们把这些烟交给因战受伤的军人。

伯奈斯的策略真是一举两得，既攻破了谣言，又帮助了自己的犹太同胞，确实是创造性思维。[①]

从大处思考问题

传统上，从事公共关系的人员，多半基于他们能够直接达成客户目标的能力，提供服务并且收取酬劳。如果客户的目的是销售更多腊肉，他们就会设法从其他腊肉业者手中把生意抢过来。如果这些人为书商服务，他们会宣传客户的书籍，设法让媒体佳评如潮。伯奈丝·伯奈斯的方法，和同行比起来，比较迂回，但是效果要大得多。在回溯他的做法时，我们似乎可以贴上一个更简洁的标签，那就是“大处思考”。大处思考的意思，不仅是拒绝受限于传统思考，而是抗拒传统、扭转现实。其实他的行销方式很简单：伯奈斯制造事件，事件制造新闻，而新闻则会造成大众“恰巧”对他所要推销的产品产生需求。

伯奈斯表示，在他 40 年的全职工作经验里，曾为 435 位客户提供服务，而这份客户名单，就仿佛那个时

---

① 不论伯奈斯在公众的面前对香烟的态度如何，但他在家里却竭尽所能说服自己的太太戒除一天一包烟的习惯。他多次将她的香烟藏起来，或把它们折断全部扔进马桶，他恨透了她抽烟。尤其是他的妻子由于过度吸烟造成血流循环问题后，他感到了尼古丁的可怕，并开始呼吁公众学习戒烟。他通过让香烟不能在电台和电视台做广告的努力，来解除自己“多年来背负的罪恶感”。

代的美国商业与文化界的名人录。比较大的客户有：通用电气、通用汽车、美国烟草协会、菲尔科广播电视公司以及美国放射研究协会等。文艺界的客户有：芭蕾剧院舞团、纽约爱乐交响乐团，剧作家尤金·奥尼尔、演员亨利·米勒、画家乔治亚·欧基芙。在大众传播业方面有：哥伦比亚广播网、国家广播公司、《大都会》杂志、《财富》杂志、《好家政》杂志，还有许多大饭店，以及梅西百货等。

当行李箱制造商于上世纪20年代末期寻求伯奈斯的帮助时，非常着急。当时的时尚，例如短裙和钟形帽等，都不像先前流行的多层次衣裙那样需要大量储存空间。因此，船舱与火车的储货室里，就分配了比较少的空间，供行李之用。而推销新款流行服装的销售代表，也因为这种潮流，而不需要在商业旅行时携带大量行李。伯奈斯还是采取后门攻势，来针对这个问题提出反击。他让杂志与报纸形成一种推测，就是有教养的旅行者会携带大量的随身衣物。他也呼吁工程师设计更多的储藏衣物空间；也要求学校通知入学的学生，尽可能携带更多的衣物到学校；至于卫生官员，则向大众说明与他人共用一个手提旅行箱是不卫生的。最后，他找到一位著名演员在巡回演出时准备大量行李时，让媒体拍照采访。

宝碱香皂公司，是伯奈斯30年来的忠实客户。在双方合作初期，宝碱的麻烦很简单但很伤脑筋，当时的小孩不太爱干净，所以几乎不使用该公司生产的象牙牌香皂。他的解决方法很简单："要设计让原本视肥皂为天敌的小孩，开始喜欢使用象牙牌香皂。"伯奈斯很快组织了一个委员会，这个委员会于1924年举行了一场全国肥皂雕塑大赛，大赛提供现金奖品与大量媒体报道。不久之后，全国的孩子就收到了传单，告诉他们只要准备下列物品，就可以参加比赛："一把拆信刀，两根橘色棒，一些细线。"传单中还建议孩子们："使用剩下的肥皂来洗手、洗脸和洗澡。只要每天洗澡一次，你就会爱上象牙香皂带给你的干净感觉。"从那年开始，参赛的雕塑家、建筑师以及其他艺术家各费巧思，把重达1000磅的肥皂转化成栩栩如生的人物、造型和建筑，这个比赛持续了37年，直到1961年为止，每年都吸引数百名参赛者，使用了将近100万块肥皂，从而使象牙牌香皂成为美国人的肥皂象征。

在1929年，为了庆祝爱迪生发明电灯泡50周年而举行的"金色灯光嘉年华"，被大众认为是伯奈斯公关生涯中的光辉胜利时刻，也是公关行业有史以来最"炫"的大秀之一。开始策划庆典的时候，正是伯奈斯很忙碌的时候。当时，他正在呼吁妇女们伸手拿幸运、不要拿糖蜜；也在促销卡迪尔的珠宝、道奇的胜利六型新车、纳克司的凝胶和新泽西贝尔公司的新电话服务项目。不过，正如他后来所言："对许多人而言，我们仍然只是虚张声势的人与夸大其词的艺术家，也是对媒体与商业界诚实标准的一种威胁。我希望能有一个戏剧化的事件，可以让其他人像我们一样认同这个行业。"

这场庆祝活动吸引了无数的名人前来参加。与会的名人有胡佛总统、居里夫人、莱特和摩根等。盛大的仪式，有条不紊的活动，精致的纪念邮票，爱因斯坦的赞美信函……让所有与会者激动和满意，使伯奈斯获得了前所未有的赞美。当然，由于伯奈斯持续不断地在聚光灯下抢风头，不仅激怒了他的公关同僚，也使出资 300 万美元的汽车大王亨利 · 福特大为光火。这正是典型的"伯奈斯模式"，他违反了一项基本原则，公关人员应该待在幕后。当然，伯奈斯在为客户服务时，一般还是有一些道德底线的，并不是什么钱都赚，正如他所说："我的良知有时不允许我为一些人提供服务。"

左右民意和专业理性

大处思考这个观念，从啤酒销售到芭蕾舞推销各方面，都获得良好的结果，使得政坛人士也无法抗拒。第一位找他帮忙的，是柯立芝总统的支持者，他们希望柯立芝总统能够赢得 1924 年的大选，担任一个完整任期的总统。[①]柯立芝是一个不苟言笑的人，因此，在大选中，有必要改变自己不受欢迎的形象。伯奈斯经过深思熟虑后，决定邀请一批女性作家或是特定的妈妈团体，前往华盛顿晋见总统。

柯立芝总统用咖啡、水果、吐司等丰盛的食品招待了客人。用过早餐后，一位著名游吟诗人为柯立芝献上一首《留住柯立芝》的歌曲。歌词是："比赛已经开始，柯立芝就是人选，坐上总统宝座的人选。默不作声地，他曾为我们做了许多，让我们回报他，把他留在这里。"接着，柯立芝夫人与其他来自百老汇的明星们一同加入了副歌的合唱："留住柯立芝！留住柯立芝！让我们未来四年不需畏惧！"报界非常喜欢这则故事。《纽约时报》将它登在头条，标题是"演员与柯立芝一家人吃蛋糕……总统几乎笑了"。《纽约评论报》做得更进一步，标题为"游吟诗人让总统首次在公开场合露出笑容"。《纽约世界报》的内容更详细："这群来自纽约的演员，只花了 3 分钟，就做到了华盛顿社区领袖再三尝试，但无法成功的事，他们居然让总统露出了牙齿，张开他的嘴巴，然后笑了。" 3 周后，柯立芝以极大领先的差距赢得了选举。

① 一年前，哈定总统在任上去世，柯立芝以副总统入主白宫。但新的一届任期开始时，仍需要选举。

后来，胡佛总统在8年后寻求连任时，也请伯奈斯帮忙，但再聪明的选举花招也无法掩盖当时美国经济的恶化，伯奈斯也不是万能的。之后，他还为罗斯福夫人和艾森豪威尔总统游说美国情报局尽过力。然而，他却拒绝了来自尼加拉瓜左翼政府和尼克松总统的生意请求。他解释道："如果我是个医生，也许有义务接受任何病人。但是身为公共关系顾问，我可以拒绝接受我个人反对的客户。"他还指出："公关学运用在政治上……就像运用在任何其他专业领域一样，可以被运用在有建设性的方面，也可以被滥用。同样的事情，在人类行为上也适用。我们可以找到诚实的律师，也能找到不择手段的讼棍。我们可以利用法律，伸张正义，也可以滥用法律，破坏我们社会仰赖的正义原则。"他还认为，诚实的公关人员，能够利用这个行业的所有花招，来测量民意，并试着改变民意。还可以预测出大众对政治家有什么样的印象，然后重新包装这些政治家，让他们更投合民众的喜好。但前提是，这些事情都必须是"带领人民到他们想要到达的地方。民主政治的领导能力的定义，就是解决大家认为需要解决的问题"。

后来，人们经常称伯奈斯为"公关之父"，尽管他不是最早的公关人员。因为这个领域还有许多先驱者，伯奈斯所开的公关公司是人类有史以来第八家公关公司。但是，他却是历史上第一位把课程定名为公共关系学课程的大学中授课的老师，而且也是第一个出书描绘公关理论和实务的人，更是公关学界公认的最多产、最有表达能力的哲学家和发言人。伯奈斯认为公关有三条法则，第一条法则就是：它是客户和大众互相沟通和了解的双向道；第二条法则：公关人员不仅要聪明，还要有直觉，并要有丰厚的心理学、社会学和其他学科的知识；第三条法则：帮助美国变成一个更好的国家的法则。他的前两个观点，受到人们的普遍接受，但第三个观点遭到人们的质疑：这个观念非常可笑，难道把公关人员看成社会的先知和拯救者？伯奈斯认为，这只是一种理想，因为在现实生活中，大众正被幕后的少数人“控制”和“引导”，他们是一些隐藏起来的宣传专家和驯服狂野群众的人，是进化社会的守护者。他随后出版了两部书《宣传术》和《透视民意》来阐述自己的观点。

但是当“宣传”这门伯奈斯大肆宣扬的新兴学科，如果被运用到邪恶的目标时，就仿佛一位纳粹党的宣传人员在谋划灭绝犹太人的计划时，我们如何看待“宣传”？后来有人对伯奈斯作出了评价，认为伯奈斯的某些观点是把自由主义和法西斯主义加以混合的方式。这位学者指出：“如果希特勒已经发现了这些技巧，并且运用在邪恶目标上，那么在一般大众无法抗拒这些宣传伎俩的前提下，如伯奈斯这样的自由主义人士更应该先发制人，伯奈斯认为为了要拯救民主，必须先采用操纵的手段，他认为有时候为了要拯救一个村庄，可能要先放火烧了它。”这段话是对伯奈斯最有力的反驳。

而一位曾在纽约大学修过伯奈斯公关课程的学生写道：“我记得他是一个身材矮小的人，身形有点像当时广为人知的小国王的角色。他穿着黄褐色的衣服，坐在桌子后面，从他很大的索引卡上读着笔记……他的授课内容不外乎两件事：他与弗洛伊德的关系，以及他在一战时发明了战争宣传的经验。对我个人来说，他是我在纽约大学 4 年里最无趣的一位教师。”

显然，伯奈斯与他的舅舅明显不同。弗洛伊德的专业，是将人们由他们的潜意识的驱策和欲望中解放出来，伯奈丝却是试图利用人们潜意识里的欲望。

第一个百年

伯奈丝来自一个很显赫的犹太家族，他的家族在 15 世纪的时候，因为西班牙政府的驱逐而搬出了西班牙。他的曾祖父曾是德国汉堡的犹太拉比，也是现代正统犹太教派的创始人。他的父亲曾在 1890 年在纽约建立了一座犹太会堂，并出任自由派领袖。他的岳父，是另外一个犹太教会的法律顾问。伯奈丝是一个反对宗教的人，从来也没有去过犹太会堂。但当他的犹太出身对他的生意有帮助时，他就会承认自己是犹太人，他认为对犹太人而言，最明智的做法，就是不要彰显他们和异教徒之间的差异。他曾在 1932 年写道："犹太人必须要教育自己，养成在生存的世界中，对非犹太人的容忍态度。许多过于渴望表现的犹太人，在补偿自己的劣等社会地位，而努力想达到领导地位时，所使用的推挤和爬过别人的手法，都是不必要也不聪明的。"在 1930 年代的纽约，反犹主义限制了伯奈斯客户的人数，也限制了他们发展的速度和空间。但纳粹对犹太人的大屠杀，已经激励了许多犹太人首次为自己的传统站起来，为日益壮大的犹太社团中出现的杰出的艺术家、作家和学者而感到骄傲。伯奈丝认为，身为犹太人是一种选择，每个犹太人都有权决定自己的命运，他们应该勇敢地冲破传统的束缚。

不论人们承不承认，伯奈丝都是弗洛伊德最忠实的学生之一，也是最常模仿他的人。他和弗洛伊德一样蔑视宗教，包括他们祖先信奉的犹太教，俩人都对超我有叛逆性，认为这个超我主义只是个阻挡了他想要成为白手起家者的障碍。他跟随弗洛伊德的先例，著书来为自己所从事的行业订下规范。更重要的是，伯奈丝借用了他舅舅对各种象征及其他力量对人们的影响的这种洞察力，并且利用这些象征及其他力量，作为公共关系学这门艺术及科学的基础，并引导和影响了这门科学的发展。伯奈丝于 1995 年去世，活了 103 岁。正如有人评价说："我认为伯奈斯最伟大的成就，就是活了这么久。"这句话虽然暗含着对他"公关之父"称号的贬损，但他在他所从事的领域，确实留下了无数案例，我们回溯的时候姑且称之为"第一个百年"。

晚年的时候，他住在位于哈佛广场区的康桥，在那里继续他全国性的社交生活并继续给那些愿意给他每小时支付 1000 美元的访问者提出睿智的建议。前任美国商务部次卿契斯在 1995 年说："我在几年前带着伯奈丝，去见一位有兴趣把钱捐给一个类似世界大同基金会之类组织的人。伯奈丝在他所属的一个俱乐部安排了一场 8 个人的午宴。这场午宴进行了一个半小时。我忘了事先询问他的收费标准，结果他开口要 5000 美元。我这位很有钱的朋友对此事很不高兴，但还是向伯奈丝付了这笔钱。"另一位叫皮柏蒂的人就不只是生气了，他在伯奈丝搬到康桥不久之后就开始竞选州长，而且在市中心的一个酒店里向一些富翁劝募基金。伯奈丝受邀前来，俩人交谈了约 45 钟后，这位后来的州长向伯奈丝开口要求募捐助选金，伯奈丝认为自己方才的建议比现金还值钱，并对皮柏蒂说 ：“您刚才已收到我的捐款了。”

伯奈丝在 90 高龄的时候，思维还非常活跃，早上 5:30 就起床，几十年如一日地阅读《波士顿世界》《波士顿论坛报》《纽约时报》《华尔街日报》和《华盛顿邮报》，并在早餐时告诉妻子和仆人们今天发生的重要新闻，每天晚上他都会准时收看大牌主持人丹拉瑟的新闻，当丹拉瑟开始在电视上说“晚安”的时候，伯奈丝就会回答：“晚安，丹。”

伯奈丝的妻子多莉丝去世后，他一度陷入绝望之中。毕竟是长达 58 年的伴侣和挚友，这使他觉得生命毫无意义。一段时间以来，伯奈丝仿佛一个“刚从监狱释放出来的人”，疯狂参加宴会、赴约、酗酒，常常到凌晨 3 点才回家，有一次他还去了一回同性恋酒吧，回来后就说 ：“有个男人亲了我。”据他最亲近的朋友派契尔回忆说，伯奈丝每次接电话的时候，最喜欢使用的一句话就是“可怜兮兮的 98 岁老头的声音”。如果打来的是客户，他会说：“请稍等。”然后把电话靠着自己的身体将近 15 秒，等他再以自己的声音来接电话的时候，就像另一个人，声音比较深沉，更有活力，而且他会把所有的精力都注入到自己的谈话里面。每一天，派契尔和伯奈丝在花圃里散完步回家，他绝不会错过欣赏漂亮美眉的机会。有一次，他们两个人同时对一个身材很棒的女人赞赏有加，结果居然是男扮女装。伯奈丝说："天哪，你能想象像我这把年纪的人，居然还会犯这样的错误？"

他一直对女性具有很大的吸引力。"只要他走进房间里，在你还弄不清楚发生了什么事之前，整个房间的女孩子都会围坐在他身旁，绝对地崇拜他。"他的女婿贾斯汀说。随着伯奈丝年岁的增长，年轻女孩对他越是容忍，会让他亲吻她们或是握住她们的手，因为她们相信这位已经年过九十、身材矮小的传奇人物，已经不会对她们造成伤害了。其实这都是对伯奈丝的低估，据伯奈丝对亲戚和朋友们暗示，他在 101 岁的时候还同和他发生"绯闻"的助手琼安发生过性关系。而琼安则承认："在伯奈丝 97 岁的时候，他的行为和思想都还像个只有 65 岁的人，每天在性方面的表现甚至比 65 岁还年轻。他有两个地方的肌肉特别发达，一个是脑袋，一个则是下面。"①

伯奈丝一辈子也没有参加任何公关协会，等到年老的时候，他才开始放弃对那些公关团体的蔑视和偏见，希望与年轻的同行们进行交流。就连他加入这些组织的

① 在他 102 岁的时候，他的女儿控告女管家及助手琼安对他进行虐待、诱拐和偷窥，官司持续了很久。最后女儿接管了他的财产，毕竟他的老年痴呆症非常严重，对许多发生过的事情已经说不清楚了。

方式，也展示了独特的天资。曾担任过国际公关协会主席的寇贝特说："我记得他当初写信给我们，询问年龄超过 90 岁的会员的会费是否有折扣优待，后来他又询问愿不愿意对超过 100 岁的人降低会费标准。我认为这种举动相当幽默。"

谁说伯奈丝是一个无趣的人？

六、“股市教授”科斯托拉尼的智慧人生

在投资领域，科斯托拉尼被称为“20 世纪股市的见证人”和金融史上最成功的投资者之一，甚至有人将他誉为“证券教父”和“欧洲的沃伦·巴菲特”。科斯托拉尼虽然没有像巴菲特那么有钱，但是却有“股市教授”之称。他说：“我是投机人士，始终如一。”他不仅对金融商品和证券市场的一切了如指掌，而且终身都在钻研、思考和解读人生的哲学与股票投资的精髓，并写出了《一个投机者的告白》《这就是证券市场》《美元在干什么》等 13 部风靡全世界的股市专著，发行量高达 300 万册。此外，当他 35 岁时就赚得了足以养老的财富，但过人的精力使他不甘寂寞，转而成为德国最著名的财经杂志《资本》的专栏作家，持续 25 年没有中断。①

20 世纪 70 年代，他开始在德国和世界各大都市的咖啡馆中开办股票培训班，不断地教导青年朋友：要想

① 科斯托拉尼生于1906年，1999年9月14日在巴黎逝世，享年93岁。他生前最大的愿望是能够为 2000 年 1 月的那期《资本》杂志再写一篇专栏文章。他曾用他那富于幽默的方式说道：“《资本》给了我保障，但谁来保障资本呢？”

在股市上取得成功，不是靠计算，而是靠思想，用脑子思想。上至王孙贵族，下至贩夫走卒，有数万名“学生”聆听了他的讲座。他虽然不是某一所固定大学的教授，却是全欧洲几乎所有著名大学的客座教授。他给年轻父母最明智的建议就是：“与其到股市投资，还不如给孩子身上投资。”他最著名的建议，就是要投资者买下各种绩优股，然后到药店买上安眠药睡上几年，从睡梦中醒来后必将惊喜连连。

在之后的35年，他作过无数场报告，并在电视上频频露面。不论是在达沃斯经济年会上出现，还是在世界银行、电话交易所和哈罗德·施密特主持的电视节目中出现，他始终都是一位幽默机智的勇敢斗士。他认为自己精力充沛的秘诀就是每天都在进行“精神体操”，虽然坐飞机或火车以及登台演讲对他来说越来越困难，但是这位“老先生”从来不坐在主办者为他准备的沙发椅上，只要他把两只手牢牢地撑在讲台上，接下来便会有1小时到1个半小时紧张而又诙谐幽默的演讲，而且掌声不断。[①]他在每次报告开始都说：“要想从我这里得到重要的建议，将会使你失望。如果有什么建议的话，那我不过是要告诉大家，股市只是银行或利益集团

① 他在世界各地演讲，有人问他：“你讲什么语言？”他的回答是：“在祈祷的时候，我和仁慈的上帝讲匈牙利语，与年轻的同事和朋友讲法语，与我的学生朋友们讲德语，同银行打交道时讲英语。”

企图向公众兜售某种股票罢了……”[①]

科斯托拉尼从 1917 年开始就一直与金钱和交易所打交道，但他却不是一个实利主义者。通过思考证明自己是正确的，这带给他快乐。他自信地称自己为投机者。对他来说，投机是一种智力挑战。他与金钱保持着一段安全的距离，在他看来，这是成为一个成功投机者的首要前提。科斯托拉尼既不吝啬，也不挥霍炫耀钱财。金钱对他来说只是达到目的的手段。他被纳粹迫害逃出巴黎时是金钱给了他帮助；是金钱给了他最好的医疗保证，特别是在生命的最后几个月，他更看重这一点；是金钱使他能过舒适的生活。如果一场戏剧或音乐会特别令他着迷，他就会坐飞机去米兰斯卡拉剧院过通宵。但是能省钱的地方他还是尽可能地省。因此，他经常会把一些讲座举办者送给他的一等机票换成二等经济票，这样他就可以省下钱为自己的私事买飞机票了。他总是说，反正他太瘦了，太宽的位子也坐不满。

但世界公民科斯托拉尼首先享受到的是给他带来财富的经济上的自主权。这种自主权对他来说是除了健康以外最重要的财富和最大的奢侈品：一种想做什么就做什么，想说什么就说什么的自主权，同时也是一种不必做自己不愿做的，不必说自己不愿说的自主权。他先后

① 科斯托拉尼自己曾揭示过演讲成功的秘诀：“我不是在授课，我只是在对学生讲故事罢了。”

在70年代和IOS假基金做斗争，80年代和金元院外活动集团做斗争，90年代同联邦银行和新市场做斗争。不管他进行什么斗争，他总是一位“因信仰犯法者”。他的一些批评者认为他树敌是为了提高自己的知名度，其实这种猜想是错误的。即使是在一般的谈话中，他也会为了自己的信仰跟人进行激烈的争论，就像他在他的专栏和报告中一贯表现的那样。一个女记者问他是否想回到20岁，他回答说：“20岁？你在开玩笑吧！我想变成80岁，这样的话，我还会有10年时间跟联邦银行做斗争。”

科斯托拉尼早在奥斯卡·拉封丹之前就说过，“我的心在左边跳动”，但是这句话还没完，“当然我的头脑是向右转的，并且我的钱包早就在美国了”。数十年的交易所经验告诉他，在经济中，实践和理论相距是很远的。[①]

后来，他在《未来的收支平衡表》一书的导论中承认，他已经有几年不去交易所了。因为他害怕上帝会在那儿发现他，并想：怎么那个老家伙一直还在那儿？他应该上来了，我这儿也非常需要他。他的老朋友早就等着他了，他的固定餐桌边的位子还空着。但是不论上帝何时把他带走，只要他能听到他的朋友、学生和读者说“这

① 《大投机家》，[匈]安德烈·科斯托拉尼著，何宁译，海南出版社、三环出版社2006年10月版，《序言》，第3–4页。

位科斯托当然是正确的”，那么他将会感到很幸福。

其实，科斯托拉尼不光是幸福的，还是浪漫的。正如《浪漫的投机家》一诗所言：

他爱钱，他也会赚钱；
他热衷投机，他也赞成投资；
他善于积累财富，他也擅长使用财富；
他喜欢女人，他也能吸引女人。

他身处股市之中，却能超然于股市之外；
他研究资讯，却更关注人的心理；
他渴望牛市，却精于熊市；
他相信理论，却更迷信经验。

他行走江湖中，却不带江湖气；
他与金钱为伍，却不带铜臭味；
他享受生活，却不流于世俗。①

他就是他——科斯托拉尼，一位集财富、名声、优雅和温情于一身的犹太人，一个洞悉股市心理的证券大师和大投机家。

① 《大投机家的证券心理学》，[匈] 安德烈·科斯托拉尼著，林琼娟译，重庆出版社 2007 年 7 月版，《编辑的话》，第 1 页。

“我的鼻子就是我的城堡”

安德烈·科斯托拉尼于 1906 年生于匈牙利一个富裕的犹太中产阶级家庭，他的父亲是一个酒厂的老板，专门生产健胃苦味酒。他的母亲爱好音乐，具有真诚而高尚的思想，她没有将绘画与写作的天赋用在穿衣打扮上，而是把一生的精力都投入到养育 4 个孩子上。正如歌德所说：“从父亲那里，我得到立身处世的躯体，从母亲那里，我得到乐观的性格与荒诞不经的兴趣。”[①]

由于反犹主义的出现，在科斯托拉尼出生之前，他的父母都已受洗改信天主教，他一出生就成为一名天主教徒。但是，从根本上说，他们还是“犹太人”[②]，尤其是二战期间，他们全家被迫躲在防空洞里，在枪林弹雨和重重包围中侥幸挺了过来。在当时的布达佩斯，犹太教起着举足轻重的作用，50 万匈牙利犹太人有 30 万住在布达佩斯，所以布达佩斯是一个犹太味道很浓的城市，有人称之为“犹达佩斯”。许多犹太人受同化变成了天

---

① 转引自《大投机家的证券心理学》一书，[匈] 安德烈·科斯托拉尼著，林琼娟译，重庆出版社 2007 年 7 月版，第 6 页。

② 根据希特勒颁布的《纽约堡法》的规定，凡祖父或祖母有一方是犹太人者即为犹太人，并将犹太人分为 3/4 犹太人，1/2 犹太人和 1/4 犹太人，并实行严厉的反犹政策。

主教徒或基督教徒，但彼此可以宽容并友好相处。因此匈牙利产生了许多诺贝尔奖获得者，但大多是犹太人。[①]老科斯托拉尼是一个议会成员，同各个教派的人广泛接触，在文化上兼容并蓄。二战前，科斯托拉尼从来也没觉得自己是个犹太人，但到希特勒掌权后，发生了像“奥斯维辛”等那么多恐怖的事件后，他就彻底变成了一个犹太人，而且一提到“希特勒”三个字，就会感觉到一股冷风从房间里袭来。[②]

科斯托拉尼的父母亲非常和睦相爱，科斯托拉尼这样回忆道：

> 有一个故事，最能说明他的豁达与乐观。那时，我姐姐总是在中午休息时到防空洞里来，告诉他们布达佩斯来的最新消息。

---

① 诺贝尔奖得主西拉德、维格纳、费曼、“计算机之父”冯·诺伊曼、“数学奇才”保罗·爱多士、科学奇才冯·卡门、经济学家豪尔绍尼等都是匈牙利犹太人，“氢弹之父”爱德华·特勒则是科斯托拉尼儿时的小伙伴。

② 后来科斯托拉尼在《我的犹太遗产》一文中写道：“对于希特勒来说，诋毁犹太民族是一件很简单的事，他把犹太人当成投机分子，而部分犹太人的确也是。犹太人从事金钱交易是因为他们不被允许从事其他行业，因此他们独占这个行业有很长一段时间，子承父业，如此资产便一直延续下去。很多犹太人因为某些渴望，离开了散居在各处的犹太人，不只在财务金融上，还在数学、物理以及音乐等各领域中开创了一番大事业。”

一天夜里，我妈妈最喜欢的外甥女，我的表妹伊丽莎白突然患重病夭折了。我姐姐本想把这个消息婉转地告诉母亲：

“很遗憾，妈妈，伊丽莎白得了重病。”她说道。

“噢！圣母玛丽亚！”我母亲大叫起来。

“那又怕什么？”我父亲喃喃地说，“她很快就会好起来的。”

“不过，她病得特别严重。”姐姐坚持说。

“送到医生那儿，不出几周就会痊愈的。”父亲大叫着。

“医生已放弃了。”姐姐黯然神伤地说。

“上帝呀！我的上帝！”我的母亲无助地自言自语。

“这没什么的。”我父亲安慰着她，“我有个做医生的朋友默勒，他有回天之术，常有些眼看着没了救的病人被送到他那里；不过，这会儿，他去吃午饭了。”

面对被不幸的消息愁得不知所措的双亲，我的姐姐不忍再绕来绕去，只好如实招来：“其实，你们该得到真实的消息，伊丽莎白，她昨天夜里已经死了。”我的父亲却只是喃喃地说：“她已经死了，现在，我们也无能为力了……”这样一来，这场争辩也就偃旗息鼓了。

还有，是在他临去世之前。他已 87 岁高龄，在苏黎世，患肺炎，躺在病床上，他还在让我递给他鱼子酱和酒。我感到他在好转，自然第二天又返回了巴黎，因为他的确看起来好些了。就在他闭眼之前不久，护士小姐走进来，问他："您怎么样，科斯托拉尼先生？"他面带微笑，声音洪亮地说："很好，可爱的小姐。"我母亲心里却早有了预感，她说："有漂亮的小姐在眼前让你赏心悦目，这会让你马上好起来的。"就在那天，我接到了我姐姐的电报，父亲去世了。[①]

正是在这种文化背景的熏陶下，科斯托拉尼一直是一个开朗乐观的人，他到了 85 岁时，还认为自己的人生才刚开始，"还有很多时间可以变老"。[②]其实，他从十几岁就开始了自己的金融生涯：那还是在布达佩斯的童年时代，当时匈牙利的粮食交易市场非常活跃，是欧

① 《大投机家》(2)，[匈] 安德烈 · 科斯托拉尼等著，邓小红等译，海南出版社 2007 年 4 月版，第 5–7 页。

② 他在一篇文章中回忆说，回顾自己的大半辈子，究竟得到了什么，自己满足吗？"我不是任何人的主人，也不是任何人的仆人"，这就是他自认为自己的成就。他平生只有一个愿望，那就是获得经济与思想上的独立，这个愿望已经实现了。

洲的面粉、玉米和燕麦的主要产地。因此，人人都在关注粮食的行情，而影响市场涨跌的一个主要因素则是天气——干旱破坏收成，喜雨增加产量。连军队也焦虑不安，因为那时燕麦扮演着相当于汽油在现代军队中的角色。与此同时,伴随着这种气象痛苦还有一份新的忧虑：一场匈牙利国家队对外国队的足球赛即将举行。这对于热爱体育的人来说，宛如一个隆重的节日。而对于年少的科斯托拉尼来说，更是天大的新鲜事，这是他平生第一次看真正的足球赛，因此倍加激动。整个上午空中乌云翻滚，父亲和他都有些焦躁不安。在约定的时间和地点，他们和叔叔碰面了，一会儿，下起了瓢泼大雨，球赛取消，叔叔更加激动："真是太好了，大雨带来了运气，交易所里的燕麦就会跌价，我盼望已久！"这就是一场足球赛的代价，同时也是小科斯托拉尼对股票交易所的人生第一印象。

在科斯托拉尼心中的另一个印象是，在第一次世界大战爆发前，在银行实习的哥哥进行的一桩酒椰叶投机交易。当时战争的火药味让酒椰叶的行情暴涨，随着价格的波动，他哥哥的脸色一天比一天难看，在银行的催逼下，差一点自杀。这再一次成为科斯托拉尼生活和投机的警告。后来，他进入了布达佩斯大学学习哲学和艺术史。一次在他父亲的好友亚历山大的建议下，他父亲决定送他去巴黎学习金融，开始了他生命旅程中的第一个起点。

科斯托拉尼在股市交易的亲身体验正式开始于1919年。那时，他们举家迁往维也纳，13岁的科斯托拉尼便在股市开始了外汇生意，他把一种货币换成另一种货币，波兰的马克、捷克的克朗、南斯拉夫的第纳尔，小科斯托拉尼乐此不疲，成了一个彻底的倒卖外汇的小生意人。用他自己的话说，他很早就对“外汇”的理解超过那些所谓的金融专家，因为他在金融市场上两次成为百万富翁，又两次破产。当然，他的成长除了很早就开始的实践活动以外，还和父母的教育方式是分不开的。他第一次挨打的经历发生在家里，小科斯托拉尼一家要去外面野餐，他对保姆说“给我水”，而没有说“请”，父亲给了他一耳光。第二次挨打发生在他在巴黎进修之后。1927年，他结束了在金融家亚历山大身边实习的日子后，开始在一家证券交易公司工作。半年后，在假期他回到了布达佩斯，恰好在股市交易所碰到了让他的上司赔了几千法郎的一个股东，正准备上前寻衅时，挨了父亲的另一个耳光。这两个耳光深深地留在了科斯托拉尼的记忆中，伴着他成长。

那个时候，通货膨胀伤害了每一个人。一条裤子，早晨卖1万马克，晚上就卖5万马克。科斯托拉尼的父亲很有预见性，在他独自出去旅行的时候，给了他一张面额为500的美元，并严肃地警告他，一天只能兑换1美元，因为货币的价格每时每刻都会发生变化，而美元一周的利息就是20%。那时有这样一个笑话：人们出门不坐电车，只坐出租车。因为电车是一上车就交钱，而出租车是下车才交钱。正是这样的经济形势，锻炼了科斯托拉尼对金融市场的早期认识。正如他后来写道："炒股的人以他的经验、思考和感觉为主。英格兰人说：'我的家就是我的城堡。'而炒股人的发明是：'我的鼻子就是我的城堡。'"

"发热的头脑需要冷静一下"

二战爆发时，科斯托拉尼买了一辆非常帅气的汽车，准备离开巴黎。他把10万元藏在一条特殊的皮带里，还随身携带了200美元和小面额的20万法郎的现钞。在此前，一个俄罗斯人曾给他讲过自己的避难经历：他们全家来到一条大河前，没有桥只有小型渡船，他母亲只好把沉甸甸的戒指给了船夫，这是一颗很纯的钻戒，足有5克拉重。她当然更想拿一个1克拉的戒指作为渡船费，但又不能把5克拉的钻戒像分现钞那样分隔开来。科斯托拉尼从这个故事中得到启发，随身携带了很多小面额的钞票。[1]当时的巴黎挤满了成千上万的难民，加油站也是按量供应。科斯托拉尼带足了钱，对收银员说："我给你双倍的价钱，卖给我 10 公升。"等 10 公升注入油箱后，他又说："我给你 3 倍的价钱，你再卖给我 10 公升。"在那个时代，人们早已忘记了道义和良心，金钱为犹太人换来了生存空间。无论是加油，还是登记旅馆，用金钱敲门没有不开的。

在逃难过程中，必须将装在口袋里的 10 万法郎花出去，否则法郎很可能要贬值。所以，科斯托拉尼就尽量买那些既贵又保值，且容易随身携带的东西，他买的一些古老的公文包，不仅未赔钱，二战后还涨了价，变成了古董。在美国大使馆的签证窗口，科斯托拉尼遇到了罗思柴尔德家族的一名成员巴龙先生。巴龙先生交上了自己的护照，领事打开他的护照的时候，发现里面夹着两张 100 美元的钞票。没想到，领事直接就拒绝了他："巴龙先生，我不仅不能给您签证，而且您再也不可能得到去美国的签证了。"尽管金钱是万能的，但这位罗思柴尔德先生做梦也没想到，美国领事是不能接受贿赂的。在美国，人们能拿钱买到法官和政客的职位，但领事却是个例外。于是，这位拥有 2.77 亿英镑的巴龙·罗

① 看来犹太人并不是天生就聪明，完全是磨难和生活逼出来的。这个故事就是一个证明。

思柴尔德先生只好去了加拿大。庆幸的是，科斯托拉尼得到了美国的签证。关于在美国的经历，科斯托拉尼讲了这样两个故事：

一艘载满欧洲难民的船从墨西哥开往美国，其中有一个匈牙利的犹太青年和一个德国女青年，他们尚未结婚；但是作为一对情侣，他们在一个船舱居住。男青年是宝石匠，所以总是随身携带着一些宝石，一有机会就拿出来兜售。很快，我从他那儿买了几个放在袖口上做装饰用的纽扣。当船停在大西洋岸边的时候，墨西哥政府宣布不接受犹太难民，他们的签证作废，这艘船必须驶回德国占领区——也就是难民营。总统夫人艾利诺·罗斯福开始干预此事，她上书美国议会，要求允许船只在美国靠岸，而且不管船上的乘客有没有签证都可以上岸。乘客踏上美国土地以后向移民局蜂拥而来，排成了长队；在人群之中也有那个匈牙利的小伙子，就是那个宝石匠，他叫德施费。因为我听见他大声地喊："德施费，生于匈牙利，犹太人，珠宝商，355号舱，身体健康，一切正常。"他顺利地通过了审查，得到了移民许可。然后是其他的乘客申报，过了一会儿就是一位女士；我听见有人说道："出生在德国，雅利安人，就这么多吧，355舱。"办事员说："355

舱我已经受理过了！把他叫回来，你们是在同一个舱里吗？”“是的，”德施费回答说，“我们是一对儿，是生活伴侣。”那个办事员紧张地眨着眼说：“那好吧，不过不是在美国，我要把您的手续退回去！你们就可以在船上马上结婚，然后再来办手续。”这一对年轻人感觉清教徒式的美国的一切都是这么井井有条，所以他们再也不想回来了。

第二个故事是关于一个有良知的霍尼家的故事。他们是罗马尼亚的特兰西瓦尼亚人，夫妻俩和一对儿女。他们向美国移民局递交了永久居住申请，为的是得到生活在这里的合法身份。

他们必须到华盛顿的其中一家法院去面谈，说明自己留下来的理由，必须准时出席。当时的场面令霍尼家的人很激动，但法官只问了一些常规性的问题：“您如何看待美国？您为什么愿意生活在美国？”等等。父亲霍尼首先做了回答，然后是母亲、女儿，一切正常顺利，霍尼一家眼看就要大功告成了。轮到儿子说的时候，有意思的事出现了。“您认为美国怎么样？您为什么愿意留在美国生活？”法官问他。这位年轻人回答道：“我觉得美国最糟糕了。只是因为我爸爸来了，我才跟着来了。我根本就不想在美国生活。这里没有民主，这里有令人恐怖的法西斯主义。走吧，走吧，赶快走，越快越好，我憎恨美国。”法官们听愣了。法庭的工作人员让家庭的其他成员到外面的大厅去等候。一家人感到很生气，他们的心血白费了，一切努力付之东流了，他们的好运眼看就要被糟蹋了。然后，结论出来了，爸爸的愿望得到了满足，妈妈和女儿也遂了心愿，当然还有儿子。理由是："憎恨美国是一个很好的理由。为了成为一个美国人，允许他爱说什么说什么，爱想什么想什么。这个发热的头脑需要冷静一下，让他好好看一看，到底美国人是怎么思考的。"①

正是美国的自由，造就了资本主义的繁荣和犹太人的成功。②

① 《大投机家》(2)，[匈] 安德烈 · 科斯托拉尼著，邓小红等译，海南出版社 2007 年 4 月版，第 105-108 页。

② 在美国，科斯托拉尼结识了一位同样是来自匈牙利的大作家莫奈。莫奈给卖空投机商下的定义是："拉着别人一起跳进陷阱的人。"莫奈是出了名的吝啬鬼，一般不请人吃饭，但是他却经常请科斯托拉尼吃饭。在他每天吃午饭的那个饭店，每一次他都要告诉服务生："一起算账。"后来，科斯托拉尼才得知，他给该饭店下了一个长期有效的指令："当我和别人在此处用餐时，请各付各的账。"可见，莫奈对科斯托拉尼还是非常尊重的。

大投机家的人生观与金钱观

二战结束后，科斯托拉尼再次回到巴黎，并用自己做股票生意赚的钱供养父母在苏黎世安度晚年。他们一家虽然在二战中侥幸逃脱，但家族企业却毁于战火。所以，科斯托拉尼告诫那些年轻的父母："如果问我最佳投资方案的话，我建议你们把钱投到孩子教育上。我就是一个活生生的证明。"他不仅供养了父母，还资助了几个哥哥，他说："如果有人问我是否让我的儿子也从事股票生意的话，我会明确地回答：'不！'按照我的设想，我的大儿子一定是一个音乐家，二儿子是一个画家，三儿子是作家或记者，四儿子才是股票商，为的是养活其他的兄弟们！"

科斯托拉尼的话很符合犹太人的教育观。他从小就深受母亲的影响，酷爱音乐。他最喜欢的是理查德·瓦格纳的《纽伦堡的歌手们》，这首曲子他已经听了166遍，此外，他对莫扎特、理查德·施特劳斯和比才等一些大师的曲子也情有独钟。后来，他和理查德·斯特劳斯还有一段交往。

科斯托拉尼熟识的另外一个作曲家叫弗朗兹·莱阿，他著名的曲目是《快乐的寡妇》。莱阿和一个匈牙利的犹太女人结了婚。因为希特勒太喜欢《快乐的寡妇》了，就承诺如果他和夫人离婚的话，就可以给他颁一次大奖；如果这样的话，对于他来说就意味着唯一的可能就是和夫人分道扬镳。可是他没有这么做，他的答复是："在这种条件下让我离婚我不离。"他是一个真正的大丈夫，和古斯塔夫·福利希正相反。古斯塔夫·福利希就和他的犹太夫人吉塔·阿尔帕离了婚。他的夫人是当时有名的大歌唱家，而且当时还怀着古斯塔夫·福利希的孩子。战后，古斯塔夫·福利希又回来了，跪在地上请求原谅，但是吉塔·阿尔帕坚决地拒绝了。

科斯托拉尼还和另外一位著名作曲家埃梅里希·卡尔曼保持着多年的友谊。他不仅是卡尔曼的理财顾问，还通过卡尔曼结识了许多大音乐家。对于这段交往，科斯托拉尼回忆说：

> 埃梅里希·卡尔曼在世的时候，我和他的夫人微拉还有一段激动人心的故事，当然是关于金钱方面的而不是别的什么。就在第二次世界大战结束后的几天，我到了维也纳，微拉给我打电话说："亲爱的安德烈，我想请求您一件事儿。""是什么事儿呢？"我想知道。"那个埃梅里希·卡尔曼想在1小时以后打电话，问问您，一颗大钻石戒指是不是

很好的保值办法，请您告诉他是，因为我身边的所有的女朋友都有了钻石戒指就我没有！我可是一位富有的大作曲家的妻子啊！”1小时后电话真的打了进来，埃梅里希·卡尔曼果然那样问我：“一颗质地纯正的钻石戒指是不是真能保值？”因为有约在先，我就答复他说：“您手头只有有价证券，而且还都是美国的，其实也可以把钻石戒指作为有形物品保值的；那样的话将来的回报也许会是十分可观的呢！”“什么样的回报？”埃梅里希·卡尔曼将信将疑地问道。“当那些女朋友们看到这颗钻石戒指，因为嫉妒而变得耿耿于怀的时候，她们的关系也就疏远了。”我这样解释道。他哈哈大笑起来。一个星期以后，微拉真的就拥有了一颗钻石戒指。当那位单纯的女士为了一颗钻石戒指而欣喜若狂的时候，我倒也是心怀坦荡的，心底无私天地宽嘛。要是某个女士爱上了先生的银行账户的话，那问题就严重了；因为无以满足她的虚荣和贪婪。

对于我的朋友埃梅里希·卡尔曼来说，这也是经他的手送出去的最后一枚戒指了；就在那个星期，他去世了①。

①《大投机家》(2)，第201－202页。

35 岁的时候，科斯托拉尼的事业达到了顶峰，他可以退休，用投资所得养老去。在没有任何挑战和烦忧的情况下，50 岁时他得了神经官能症，成天被沮丧所困扰。在这种情况下，他开始寻求第二次事业的机会。于是，他向自己的老朋友心理学家思聪迪教授求救。思聪迪教授为他做了一个著名的思聪迪测试，后来的心理医生都沿用他这种测试方法。他们一同看了 48 张照片，科斯托拉尼必须不停地告诉思聪迪教授看那些照片时候的感受，喜欢哪些，不喜欢哪些。1 个小时以后，他问科斯托拉尼："您家里谁是最有影响的人物？谁最爱发脾气？""是我父亲。"科斯托拉尼回答。"您自己也经常发脾气吗？""是的。"科斯托拉尼再次回答。最后思聪迪教授分析说："您遗传了您父亲的天性，身体里积压了许多能量，您想要发泄出来却找不到出口。所以，无论如何您要有事做。如果您要是体力劳动者，我就会建议您到山上去劈柴搬石头，从而消耗掉您身上多余的能量。但您是受过高等教育的人，所以建议您进行创作。"

科斯托拉尼平生就执迷于两样东西，音乐和股票。由于他没有受过完整的音乐教育，而在股市上既有实践经验又有真知灼见，撰写有关股市的书轻而易举。这样，他就开始了自己的第二个事业——财经专栏作家的生涯。他的第一部书名叫《这就是股票》，紧接着又出版了《苏伊士——一个公司成长的历史》和《美元之于巴黎》，全部是畅销书，后来总共写了13部专著。有时候有人问他："您怎么有那么多真知灼见呢？"科斯托拉尼便给人们讲了这样一个典故："那还是我年轻的时候，我学开车，我的教练对我说：'像你这样永远也不可能真正学好驾驶。''为什么？'我不解地问。'因为你总是看着发动机盖。抬起头来,眼睛看着300米远的地方。"从此以后，科斯托拉尼就学会了驾驶。因此，他经常给那些所谓的经济学家们提出建议："抬起头来，看着远方，不要喋喋不休地争论明年的经济增长指数是3.2%还是3.3%。对于投机商来说，好与坏的经济形势都要冒同样的风险。"所以，他经常告诉那些大学生，若想在股票市场上建功立业，需要的不是算计，而是思想，用脑子思想。有一次，科斯托拉尼应邀到曼海姆大学去做讲座，报告结束后，有一个学生希望他提一个建议，这个建议却让那些坐在前排的教授们非常气愤。他说："如果您真想去股市谋职的话，就必须把您在大学所学的经济学知识全部忘掉。"

后来，科斯托拉尼还开设了自己的股票培训班，有近1.5万人聆听了他的教诲。此外，他还与人合伙创办了自己的基金和保证金公司，总营业额达到2.7亿马克。他的知名度越来越大，经常出现在各类电视节目上。一次，他那位吝啬的朋友莫奈先生的最后一位夫人到巴黎来，他们约好了晚上见面。一起吃晚餐后，她对科斯托拉尼说："安德烈，我要和你告别了。我得花点时间把自己打扮得更美丽一点，到外面的林荫大路上走走，看看回头率如何。否则女人们就白白把自己打扮得这么漂亮了。"当晚，科斯托拉尼在一篇文章中以赞扬的口吻提到了这件事，结果在报纸上引起了轩然大波，许多人批评他对这位当红影星的行为谦恭不足，并给他打上男性沙文主义者的烙印。同时，他也收到了一封女权组织的来信，意思是为这位明星的愚蠢行为感到遗憾。在这件事情之后，他又相继推出了两本著作。一本叫《金钱和股票编织的美妙世界》，一本叫《科斯托拉尼的笔记本》。

科斯托拉尼认为，对金钱的追求是经济进步的动力。挣钱的机会解放了创造力，刺激了劳动和冒险精神。人们既要热恋金钱，但又必须冷静地对待金钱，人可以不富有，但必须独立，在物质上、人格上和思想上要努力独立。他不认为一个女人因金钱而爱上一个男人是件可悲的事。金钱表现了男人的成功，也正是这一点才使女人着迷。问题是，许多百万富翁除了有钱以外，还能以什么吸引女人呢？而什么是百万富翁呢，百万富翁不是至少有 100 万的人，而是那些应该得到尊敬的富人。通过科斯托拉尼的经验，有三种方式会使人在短期内成为百万富翁：一是一次有钱的婚姻，二是一个幸运的商业理念，三就是投机。但是，有很多钱的人可以投机，钱不多的人不可以投机，根本没有钱的人必须投机。①

科斯托拉尼还在《对待金钱的正确态度》一文中写道：

> 对金钱的酷爱也会导致病态的吝啬和病态的浪费欲。一个花钱成癖，另一个却聚财成瘾，特别是吝啬有时会产生荒唐的后果。大富翁保罗·盖蒂拥有数十亿美元，曾一度是美国最富的人。他就曾让他的客人到公共电话亭去打电话。这件事一时被传为笑柄。
>
> 有一次我喝咖啡时，曾听到这样一场争论，讨

---

① 他还在《成为百万富翁需要多少钱》一文中为百万富翁下了一个更精准的定义：百万富翁就是那些借助他们的资本不依赖于任何人就能满足自己需求的人。他不需要工作，他也不用向老板和顾客弯腰。只有这样生活的人才算真正的百万富翁。过这种生活，有的人需要 50 万美元，另外一些人或许需要 500 万美元，这取决于个人的要求和义务。喜欢音乐的人所需的钱就比收集古董的人所需的钱少。另外，还要看他是单身还是有一个大家庭要养活。妻子的要求有多高？她喜欢朴素的衣服还是喜欢珠宝？如果说她仅仅是因为喜欢他的银行存折才爱上他的，那么依我的定义看，他根本就不会成为百万富翁。珠宝、汽车、首饰总是有满足人的限度的，说不上什么时候她就会开始厌恶它们，那样可就是竹篮打水一场空了。

论谁是布达佩斯最吝啬的人。是赫尔措格公爵（巴尔干半岛的烟草交易大王）还是艺术品收藏家、博物馆主人路德维希·恩斯特？当然这两个人都很富，各自拥有数十亿资产。大家甚至为此还打了赌，并且我们都期待着一个有利的机会，一次性解决这个问题。机会终于来了：红十字会的募捐。一位募捐者正巧碰到他们俩在一起，于是把小盒子端在赫尔措格公爵面前。这位先生从他的钱包里费劲地拿出了面值最小的一个硬币，漫不经心地把它扔到募捐盒里。接下来就是决定问题的时刻了。路德维希·恩斯特会给得多一点还是少一点呢？他仅想了半秒钟就无拘无束地说："我们俩是一起的。那钱算是我们俩交的。"

我中学同学的父亲，马歇尔·菲舍尔，是一位富有的交易所经纪人，此人更是玩世不恭。有一天他在他那间狭小的办公室里听到他的代理人愤怒地大喊：

"不，不，我们没有钱。您还是到别的地方去吧。"

菲舍尔冲进了他的办公室，问道："代理商先生，您在高喊什么？"

"乞丐格林来过，他想从我们这里讨些钱去花。"

"那您是怎么打发他的？"

“我把他轰了出去，并说我们没钱。”

“那你快追上他，把他再带回来。”菲舍尔说。

那位还没走下楼梯的格林听到代理商喊他回去，感到非常高兴。老板想见他，或许这次他会有好运了。

格林走进了办公室。菲舍尔打开了钱箱，并对他说：“你看到这装满钱的抽屉了吗，格林先生？我的代理人对您说什么了？我们没钱？错了，我们有钱，而且还有好多呢，但我一分也不给你！”[①]

科斯托拉尼认为，如果一个人的吝啬心膨胀，虽然他可能获得超过 100 万的财产，但永远不会赢得别人的尊敬。他从来也不承认自己是证券大师，他承认自己是一位年龄很大、经验丰富的职业选手。他说：“明天会怎样，我也不知道，但我知道昨天和今天的事。这已经不简单了，我的许多同行连这也不知道。我八十多年的股市经验让我认识到，投机是一门艺术，而不是一门科学……对我来说，投机者就是高智商、有头脑的交易所投机手。他能正确捕捉经济政治和社会发展的动向，并设法从中赢利。”他说：

① 《大投机家》，[匈] 科斯托拉尼著，何宁译，海南出版社、三环出版社 2006 年 10 月版，第 7–8 页。

我还记得那位富翁格林的故事。他在发家之前，曾在报纸上看到一则消息，便向维也纳一所寺庙申请当一位寺院勤杂工。那时勤杂工也得会读会写，由于格林是文盲，所以他没得到这一职位。别人为了安慰他，给了他一点钱。他利用这些钱进行了一次美国之行。他在芝加哥赚了钱，用开始积攒的小额资金开办了一家工厂，随着时间推移，它不断发展壮大。一个大企业集团买下了他的工厂。在签协议时曝出了惊人的消息，格林不会签字。

"天哪，"买主的律师惊叹道，"如果能读会写，那你会成什么样的人？"

"很简单，"格林回答道，"一位寺院勤杂工！"

我能读也能写，并且一直就是一位投机者，但我对此并不感到遗憾。[①]

因此，他在《金钱的价值尺度》一文中继续写道：

占有金钱的欲望和赚取金钱的欲望之间当然存在差别。对金钱的占有给不同的人带来的快乐是完全不同的。有这样一种人，仅仅金钱本身就能使他们感到幸福。我认识一个人，他最喜欢打发时间的

① 《大投机家》，第 12 页。

方式是在他的存折上加数字。也有这样一种人，虽然他们能买许多漂亮昂贵的东西，但他们并不去买。他们认为他们买得起，这种想法已令他们非常满足了。他们感受到了金钱的辐射能力——这已使他们感到非常幸福。我有一个朋友，每当说出“钱”这个字时，他总是带着那种好像生活的全部享受都集中在支票簿上似的感觉，隔着西装上衣，抚摸口袋里的钱夹子。还有人对我说，每当他结算账目结果大大盈余时，他会感觉到他的性欲旺盛起来。

幸好还有这样的人，他们不但看重他们能用钱买东西这一点，而且还真的去做了。他们想享受生活。他们不仅仅满足于研究菜单，他们还想品尝一下佳肴。如果没有这类人，人们就必须发明这类人，否则的话，我们将生活在持续的通货紧缩中。诗人约瑟夫·凯斯就是这类人中的一个代表。他是一位真正的知识分子，对我来说，他就是匈牙利的“海因里希·海涅”。下面的故事讲了关于他的一些情况：

在去银行（那儿通常是他获得资助的地方）的路上，他看到一家豪华食品商店的橱窗里有一个极妙的菠萝。

“多少钱？”他犹豫地问。

“100福林，诗人先生。”

“我可买不起。”凯斯一边想着，一边向银行走去。

在回来的路上，他又经过了这家商店。这次他抵挡不了诱惑，买了那个菠萝。内阁大臣列奥·兰科奇，那所银行的总经理，在那天早晨也看到了橱窗里的菠萝。下午他去了，想买下它。

“我们已经没有了，凯斯先生来过，给他买走了。”

“噢。”总经理说着离去了。

当凯斯下次去领救济金时，总经理走过来，问道：“诗人先生，您到我们这儿讨去100福林，就是为了去买一个菠萝吗？”

“总经理先生，”凯斯回答道，“如果我没有100福林，我就不能买菠萝；如果我有100福林，却不可以买菠萝，那么我什么时候才能给自己买一个菠萝呢？”[①]

叔本华说：“钱如海水，喝得越多感到越渴。”因此，贪婪和占有是人的本性，关键是不能以丧失人格和人的自由为代价，否则赚越多的钱，越会成为金钱的奴隶。

---

① 《大投机家》，第2–4页。

在晚年的时候，科斯托拉尼说：

> 我热爱人类，走到任何地方，我都会主动与人攀谈，特别是在青年人中，我的知名度很高。
>
> 我写的书上了最佳销售排行榜，可以说10%的版税对我来说已经没有太大的吸引力，我看重我的著作在现实中的作用。我最大的幸福就是：人们愿意花钱得到我的箴言和忠告。我的书将成为我生命的延续。

这可能就是科斯托拉尼关于金钱和人生的真实思考，也是他留给人类的最后遗言。

股票培训班

科斯托拉尼的第一期股票培训班于 1974 年 10 月在慕尼黑举办，来了不到 30 个学员。当时的股票大环境糟糕到了极点：石油价格翻了 4 倍，通货膨胀宛如脱缰的野马，道格拉斯指数到了 580 点，那是一种 1929 年股市风暴重新来临的感觉。然而课堂内外弥漫的却不是绝望和失落，科斯托拉尼一声令下，全体学员大举买入。不到两个月，股市开始全面上扬，道格拉斯指数涨到

1000 点。从此之后，科斯托拉尼的股票培训班期期爆满，共举办了近百次，大约有学员 1.5 万名。

科斯托拉尼先生，作为一位赞扬纯正资本主义的坚强斗士，"冒失"地举办了股票培训班，竟开了一代先河，成为了一位地道的股票知识教授，为人们传授着投资和投机的实用理论。正如科斯托拉尼所说："如果你有一个朋友，你就送给他一条鱼；如果你真的爱你的朋友，你就教他学会钓鱼。"

在科斯托拉尼 65 年的股票投机生涯中，他先后用尽了所有的交易方式在 78 个不同的交易所给 73 个经纪人公司工作过。他所学的股票知识不是来自大学课堂，而是完全来自实践。他为此付出的学费要比到哈佛国际商学院上学还要高。连他自己也算不出，在过去的日子里到底做过多少手，失手多少手。他时而做短线，24 小时交割，时而做长线，长的期限超过 5 年。自从 1924 年以来，他没有一天不去股市，没有一天不琢磨股市涨跌的规律。在失败的时候，顷刻间负债累累，他甚至想到要自杀。魔鬼经常在股市出没，他侥幸地化险为夷，并成为一代宗师。

在《关于股票和金钱的思考》一文中，科斯托拉尼如是说：

人们常常受益于偶然的愚昧。

有一次，我和其他的两个经纪人坐在一张桌子边上，其中的一个抱怨说，他今天什么生意也没有做成，另外一个人就炫耀他巨大的收益。第一个人说：“得到红利可比得到理解力更幸运得多。”第二个有了成绩的人说：“上帝总是青睐于我，但是并不给我什么理解力。”

再傻的傻瓜，人们也能从其身上学到一些可以运用到股票操作中去的经验。

我有的时候能够从一条金融法规或者是规定的印刷错误或者用词错误中，获得巨大的利润。

股票交易最有用的一些词汇就是：或许是、希望是、可能是、很可能、尽管、虽然、我认为、我觉着、但是、事实上、在我看来等等。所有人们认为的或者说出来的都是不确定的。

乐观主义者就是口袋里装着两个硬币的君主，悲观主义者就是一个家财万贯的哀叹者。

经常有一些投机咨询家，他们常常用的一句话是：“我敢保证……”那么，谁为他们保证呢？

当人们谈论一个富有的傻瓜的时候，人们总是会谈论他的富有；当人们谈论一个贫穷的傻瓜的时候，就总是会说他是如何愚笨。

股票交易中的一条真理是：当股票升得不能再高的时候，它就往下跌。

人们经常管我叫炒股专家，我不想接受；因为，我可能知道明天股市上会是个什么样子，但我更知道今天和昨天在股市上都发生了什么。知道了今天和昨天发生的事情就已经相当不错了，因为大多数炒股获利的人对今天和昨天也未必知道些什么。大多数情况下是股市炒作了新闻，然后新闻又开始炒作股市。于是人们就说，这是股市的行情，而不是新闻的行情。

股票升了，股民来了；股票降了，股民跑了。

有句老话说，股市就是没有音乐的蒙特卡罗。我却认为，股票市场是音乐四起的蒙特卡罗。人们必须要有心思去静静地欣赏音乐，然后才能辨认得出它的曲调。

跟储户们聊投资问题的时候，往往只能跟他们谈成功的一面，因为他们只是想着成功。他们总是把自己陷在不现实的挣大钱的幻想之中。他想在一次投资中赚一大笔钱，你要是去阻止他，那根本就是不可能的。

在股票市场上我们应该是经常闭上眼睛的，这样才能看得更清楚。

我们这些年长的投机家们面临的最大的不幸就是：我们有了经验，但是我们已经不再去冒险。

如果一个商人销售货物以后获得了100%的利润，那么我们就要称之为欺诈；如果一个股票投机家抛售股票后，赚了双倍的利润，那就会被认为正常。

为了挣钱，男人在外面拼命，女人紧紧护着钱匣子。这种理想的情景在许多家庭里都是如此。男人大大咧咧，女人节俭吝啬；在我的家庭和我的亲戚的家庭之中，这样的事情不胜枚举。我父亲送给我母亲一些漂亮的礼物，当我母亲反问他为什么要这样做的时候，他回答说："这总比送给药房好。"

维也纳著名的诗人皮特·阿尔坦伯格曾经做过咖啡馆的侍从，有一天他写信给他的哥哥："亲爱的哥哥，赶紧给我寄1000盾来吧，我手头没有零花钱了，我的钱都在银行里存着呢。"

很多人辛辛苦苦，不是为了有钱而是为了向别人炫耀有钱。

我们不应该用眼睛去追随着事件的发展过程，而是应该用大脑。

在德语中有一个根本不可能成立的词：银行销售员。这个词从语意学的角度上说是个谬误，因为那个人既不是银行家也不是销售人员。银行家和销售人员的利益取向恰恰是相矛盾的，银行家要收利息，越高越好；商人必须付利息，越低越好。银行家看重的是投资的保险性，商人们则是靠想象力行事。

在著名的大作家司汤达的墓志铭上写着：他活着，他创作着，他热爱着。可是在一位不走运的投机家的墓志铭上写的却是：他活着，他投机着，他失败着。

莫列尔写道：知道得太多的蠢笨之人，等于双倍的愚昧。这一结论也适用于股票市场。

一个真诚的债务人就是一个宁愿让他的继承人们失望，也不让他的债权人失望的人。

在接受教育方面没有哪个人是受到了绝对的十全十美的教育，都只是进行了一半而已。关键要看他是如何接受这一半教育的。

股票市场上的大众心理就如同在剧院里一样，有一个人打呵欠，别的人也跟着打呵欠；相反，要是有一个人带头鼓掌，众人也会马上跟着鼓起掌来。

同样的股市行情对于不同的股民来说却是感觉不同的，有的人认为已经升得很高了，有的人认为它还应该再升。入市也是一样，有的人觉得太晚，有的人却又觉得太早。

买入股票的时候我们需要的是想象力，抛售股票的时候我们需要的是智慧。

一般是在晚上思考，早晨头脑冷静地进行反思，中午做出决定。

股市被称作是金融市场，其实它就像是剧场一样，每天上演的都是同一出戏剧，但是却冠之以不同的剧名。

大众传媒其实是要负连带责任的，因为他们目睹了一些人愚弄大众的过程。

法国著名的作曲家嘉克斯·伊博尔曾经说过，艺术，10%来自于灵感，90%来自表现力。在股票交易中，10%来自灵感，90%来自经验。

在股票大行其道的时候，我常常这样问我自己：是不是有必要去做股票或者投资？在做股票交易的时候我们可以从他人那里得到一些建议，然后再反其道而行之；在一片混乱之中，恰恰可以冷静地想一想我不该做什么。

有一个工厂，华盛顿总是让它没日没夜地工作，这个工厂就是国家钞票印刷厂。

如果说到钱的话那就只有一句话：越多越好。

并不是金钱在股票玩家的手里发出铜臭味儿，

只是那些失去了的钱，才会招致这样的恶名。要是股票投机那么容易的话，那世界上就不会有什么矿工、樵夫之类的工种了，人人都去当投机家就可以了。

成功的股市经纪人不是靠自身的聪明，而是靠其他人的愚蠢赚钱。这样的强手，顶多占入市者的5%。预测股市的中期趋势，完全取决于股票操纵在强者手里还是弱者手里。正如歌德所言：当情绪冲天的喜悦时，出售；当它是死一般的悲哀时，买进。因此，法国大诗人纪德说：“您千万不要相信，那些已经找到真理的人，而要相信那些正在寻找真理的人。”

最佳金钱故事

“群众是无知的。”这句话出自1895年古斯塔夫·雷朋的经典著作《大众心理学》。隐藏在这句话背后的真正含义是群众的力量。即使在一群特别聪明、相当沉稳多虑的人当中，这股力量仍然能够发挥作用。挑选100名高智商的人，让他们处在一间狭小的房间里，结果显示，一时的情绪冲动会影响他们所做的决定，使他们无法理智地思考。

假设有一位股票专家经过反复思考后，终于决定要在某一天早上卖出手上的股票。但当他踏入号子时，却又耳闻其他投资人对股市后势持乐观的看法。就在这一瞬间，他会马上变卦，反而又买进了新的股票。

在美国股市，股票行情显示器经常能发挥决定性的作用。这个显示器显示股票市场所有交易的状况，即使没有上百万，也有数十万的投资人会依据显示资料而决定投资动作。股市上涨时，这些监看股票行情显示器的投资人会开始买股票，毫不犹豫地跳上这列正在行驶的火车。股票行情显示器借着显示股市交易情况来反应投资大众的投资心态。因此，对每一个投资人而言，股票行情显示器有说不出的魅力，吸引其跟随投资大众的步伐决定买或卖。股票行情显示器就像是战场上的旗帜。

所以，在股市上涨阶段时已获利的人要特别注意，旗帜是否高立空中，是否有带领其他投资大众跟进的作用。按科斯托拉尼之见，投资人可以利用市场技术分析，来评估某一事件对投资大众所产生的心理作用。

正如科斯托拉尼曾经说过的，股市中、短期的涨跌有 90%是受心理因素影响，而基本面则是左右股市长期表现的关键。

股市投资人的心理状态决定了中、短期的股市走势，也就是说，股市的中、短期表现，要看股票是掌握在资金充裕且固执的投资人手中，还是在犹豫、容易惊慌失措的投资人手中。

群众的心理反应就像传染病，有人在戏院里打呵欠，其他人马上跟着打呵欠，一个人咳嗽，其他人也跟着咳嗽，股市亦然。

大哲学家叔本华说：“只有痛苦才是真实的；幸运的存在是因为苦难的缺席。”对投资专家来说，痛苦是真实的，那就是股市下跌时的金钱损失，尤其是发生经济大恐慌时，痛苦显得更加真实。

群众要一直等到报纸头条出现“股市危机造成巨大损失”的新闻，才会真正觉悟到经济大恐慌真的来临了，它就像一台巨型机器的轮轴一样开始运转了。

投资人可以从物质生活中实际感受到股灾所带来的痛苦。股市景气的成长其实相当缓慢，它走一段停一段，几乎让人感受不到它的存在。相比较之下，股灾却在一夜之间来势汹汹，让所有财产化为乌有。它将投资大众分散开来，然后各个击破。假如股市景气指数讯号持稳，股市的投资环境就会让人感到较安心，如此一来，只要一切进展顺利，投资专家便能轻松容易地捞取他的利益。所谓一切进展顺利的意思是指事情如他所料地进行着，如果他根本没有想到股市局势会变得很糟糕，而且是非常糟糕，那么他就会有很大的损失。

当股市危机真的来临，低迷的行情一点一滴地侵蚀了投资人的资金之后，他才痛苦地察觉到经济上的损失，接着他开始埋怨命运不公平，只有损失才是真实的，获利不过是一种错觉。

经济繁荣是在百业兴盛的和谐气氛中从容缓慢地开始膨胀，然后突然间变成一个大气球，随时有被针刺破的危险。投资操作中有一句名言 ："在发生股灾或经济崩盘前，必定经历过一次快速成长的景气繁荣，而景气繁荣也一定会以股灾作为结束。"

在每一次股市萧条之后，虽然当时人们对股票感到厌恶，而且觉得受到了伤害，但是随着时间流逝，人们很快就会忘记过去的种种伤害，又会像飞蛾扑火般再次受到股市的吸引。

科斯托拉尼常把投机者比作酒鬼 ：在酩酊大醉之后，他会感到难受，并在第二天痛下决心，永不再拿起酒杯。但到傍晚，他便又喝起鸡尾酒，而且一杯接一杯。到了半夜，他又像头天晚上一样酩酊大醉了。

他们是不是全都是着了魔的人或蠢材呢？也许是吧，但这个世界和股市如果没有这些笨蛋会怎样呢？如果没有这些笨蛋，又哪来的股市赢家？

科斯托拉尼最喜欢如下两个笑话 ：

其一

“爸爸，我做了一笔好生意。我用100的价格买了很多羊皮，它们已经涨到110了。”

“太好了，我的儿子，你很能干！”

一个星期后他打电话，高兴地汇报：“爸爸，羊皮已涨到120了。”

“太好了，我的儿子，你是个天才。”

两个星期后他又打电话，欢呼着：“爸爸，羊皮价格现在是150。”

“妙极了，”父亲说，“现在卖出赚钱。”

“卖？但是卖给谁啊！我正买呢。”

其二

一个乡村小报的总编晚上来到聚会桌旁。

他激动地说：“普鲁士的国王会气死的，告诉你们，他非气死不可。”

“发生了什么事？”在场的人问。

“我写了一篇严厉批评他的文章。”

这两个笑话虽然不完全是有关心理学的内容，却揭示了人类的本性。只有那些洞悉人性密码的人，才能成为真正的股票大师。

下面这则科斯托拉尼讲述的《一个有头脑的律师》的故事，让我们再一次洞察了人性的奥秘：

一位布达佩斯大银行省支行的职员，来自一个生活优裕但并不富有的家庭，他是个赌徒，由于嗜赌成癖，他先是输掉了自己的一点积蓄，后来又从收款台贪污了2万盾（大约相当于今天的40万马克）并将此巧妙地隐瞒下来。他像许多赌徒一样坚信，他有一天会爆出冷门中大奖并以此偿还他贪污的钱。他还不知道我的名言，我一直在游戏者们——不论是股市、纸牌还是赌博的游戏者——的眼前展示它："赢是可能的，输是必然的，赢回来是办不到的。"

当年终宣布要进行严格的审查时，这个年轻人陷入了慌乱，他仿佛已看见自己进了监狱。他跑到他们家的律师（奥特沃斯博士）那里忏悔了一切，甚至提到要自杀。律师思考了一下问道："既然您把这么一大笔钱不知不觉地贪污下来，您应该还能再从收款台拿出钱来吧？"

"没有比这更容易的事了，律师先生！"

"那么您尽快拿来2万盾交到我手里！"

10天之后年轻人带着钱出现了。“现在您走吧，别自杀！”

然后律师来到银行的董事会，用十分悲痛的方式报告，年轻人贪污了4万盾，现在要自杀，激起的反响很大，董事会以丑闻和刑事检举相威胁。

“别这么快，我的先生们，”律师安慰他们，“他的受人尊重的家庭一定会竭尽全力维护自己的名誉！”10天之后他又来到董事会报告说：“他的家庭非常震惊，为了拯救儿子和名誉，他们什么都愿意做，但是他们并不富有，他们能够拼凑起来的最大数目是2万盾，这钱很多，但是他们愿意为家庭而牺牲这些，当然前提条件是你们睁一只眼闭一只眼。”

董事会除了闭上眼睛还能做出什么更聪明的事呢？

股市上什么事情都可能发生，这也许是一个合乎逻辑的结局。

第四章 “你是政治家，给我说个谎吧”

——20位犹太名人的俏皮话

大科学家爱因斯坦十分喜爱看喜剧大师卓别林主演的电影。有一次，他写信赞美卓别林说：

“全世界的人都能理解你的幽默、含蓄，你确实是一位伟大的艺术家！”

卓别林回信说：

“世界上只有很少人能理解你的‘相对论’，可你仍然是一位真正的伟大的科学家。”

爱因斯坦搬了个新居。有人打电话给他的秘书，问他的住址。秘书回答说：“非常抱歉，无可奉告。因为爱因斯坦博士不喜欢人知道他的住址。”这时，听到电话里压低了声音说：

“我就是爱因斯坦，但是我忘了新居在哪儿了。”

马克思轶事

马克思（Karl Marx,1818—1883），德国思想家，马克思主义的创始人。生于普鲁士的莱茵省特里尔城。父母均是同化了的犹太人，其祖父是位颇有造诣的犹太法典学者。主要著作：《政治经济学批判》《资本论》等。

戒　烟

马克思原来烟瘾很大，他的烟是不离口的。有一次，他曾对拉法格说："《资本论》的稿费甚至将不够付我写它时所吸的雪茄烟钱。"他抽烟就像干别的事情一样，又快又猛。英国烟对他来说太冲，他经济条件也不很宽裕，所以总是买比较便宜的雪茄。他抽烟时有一半是放在嘴里咀嚼的，说这样可以提高烟的作用，或者说获得双倍的享受。

后来马克思又发现了一种价钱更便宜的烟，大概每盒便宜一个半先令，他向周围友人阐述他的"理论"。他说，他每抽一盒烟就"节约"一个半先令，因此，他抽得越多，就“节约”越多。如果他能一天抽一盒烟，必要时就可用“节约的钱”作一天的开销。为了这个“节约学”,他消耗了极大的精力并作出了牺牲。几个月以后，家庭医生不得不采取行动，严厉禁止他再用这种“节约”的方法来“发财致富了”。

后来，医生禁止马克思抽烟。对马克思来说，戒烟是一种莫大的牺牲。在他戒烟以后，他的战友列斯纳第一次去看他时，他既高兴又自豪地对列斯纳说，他已经多少天没有抽烟了。在这以后，每一次列斯纳去看他的时候，他总要告诉列斯纳他已经戒了多久了，而且在这段时间里，他没有抽过一次烟。连马克思自己似乎也不大相信，他嗜烟成瘾，竟然还能把烟戒掉。

求爱的艺术

一天，马克思与燕妮又约会了。像往常一样，尽管他们都钟情于对方，但又都羞于启齿。最后，还是马克思鼓起勇气，对燕妮说：“我交了一个朋友，准备结婚，不知道她同意不同意。”燕妮听后大吃一惊：“你有女朋友了！”“是的，认识已经很久了。”接着，马克思又说，“我这里有一张她的照片，你想看看吗？”燕妮痛苦不安地点点头。于是，马克思拿出一只精致的小木匣递给燕妮。

燕妮接过来，双手颤抖着打开后，一下子呆住了，但她很快就明白了，猛地扑倒在马克思的怀里。原来，这只小木匣里放着一面镜子，“照片”就是燕妮自己。

毕加索轶事

毕加索（Pablo Picasso,1881—1973），法国著名画家，原籍西班牙。出生于马拉加的犹太家庭。1907 年开创了立体主义，1915 年创作了具有新古典主义画风的作品，20 世纪 20 年代成为超现实主义的代表人物。代表作有：《少女当家》《格尔尼卡》《和平鸽》等。

怒斥盖世太保

巴黎沦陷后，德国侵略军的将领，为了显示其珍爱艺术，经常装腔作势地出入巴黎的毕加索艺术馆。

有一天，毕加索站在艺术馆的入口处，发给每个德国军人一幅他的名画《格尔尼卡》的复制品。这使一向在巴黎遭到冷落的德国军人感到受宠若惊。此事一经传出，电台、报社的记者纷纷前来采访。这时，恰巧一个德军“盖世太保”头目指着这幅画问毕加索：“这是您的杰作吗？”不料毕加索却愤怒地回答说：“这是你们的杰作！”

名画《格尔尼卡》描绘了西班牙城市格尔尼卡遭德军飞机轰炸后的惨状。因此，毕加索的回答，使这个德军头目目瞪口呆。

难道她就这么一点大吗

毕加索早年用蓝色和淡红的色调画了许多表现舞台生活和街道生活的作品，后来与乔治·布拉克合作，发展了立体派艺术——最有影响的现代绘画艺术之一。晚期主要从事超现实主义人体画创作。

有一次，在巴黎，他和一位美国士兵谈起了绘画。士兵坦率地告诉毕加索，他不喜欢现代画，因为它们不真实。毕加索听后没说什么。

几分钟后，这位士兵拿出他女朋友的照片来给毕加索看。

毕加索拿在手里故作惊讶地说：

“天啊，难道她就这么一点大吗？”

我自己也看不懂

有人问毕加索：

“你到底在画什么？我实在是看不懂。”

毕加索回答说：

“我画了近 90 年，自己也看不懂。”

那些假画可以使许多人有饭吃

毕加索对冒充他作品的假画，从不追究，最多只把伪造的签名涂掉。

“我为什么要大题小做呢？”毕加索说：

“作假画的人不是穷画家就是老朋友。我是西班牙人，不能和老朋友为难，而且那些鉴定真迹的专家也要吃饭。那些毕加索假画可以使许多人有饭吃，而又于我无损。”

卓别林轶事

卓别林（Charles Chaplin，1889—1977），著名表演

艺术家,可能有犹太血统。一生中共主演了80全部电影,他的一生堪称一部美国好莱坞的兴衰史。主要作品有:《摩登时代》《大独裁者》等。

“奇装异服”的来历

圆顶的小礼帽,瘦小的上衣,肥大的裤子,一双又长又笨的大皮鞋,一根竹手杖,还有那黑黑的小胡子。不用点名,人们一下子就能猜到,这是卓别林的服装。

这套装束诞生于1914年,当时导演麦克·塞纳特要拍一部喜剧片《威尼斯赛车记》,需要人物有一套看上去就很滑稽的服装。卓别林根据导演的这一想法设计了这套服装。他在自传中曾写道:“在去化妆室的路上,我忽然有了主意:我要穿一条鼓鼓囊囊的裤子和一双大鞋子,拿一根手杖,戴一顶圆顶礼帽。我要每一件东西看上去都显得不合适,裤子是松泡泡的,上衣是紧绷绷的,礼帽是小的,鞋子是大的……后来想起塞纳特希望我是一个年纪老得多的人,于是就贴上了一撮小胡子……”当时,他走进化妆室,有几个人正在玩纸牌,他从胖子身上借来裤子,从瘦子身上扒下上衣。胡子是剪了人家一些头发,礼帽是一个人的父亲的。鞋太大,免得掉下来,就左右脚颠倒着穿上。卓别林在自传中描绘了当时的情景:

“我站在塞纳特跟前，装出了那个人物的样子，大摇大摆地走着，一面挥着我的手杖，在他面前来回踱步。笑料和噱头纷至，在我脑海中不断地涌现。”“我当时就决定，此后不管再演什么戏，我要永远穿着这身衣服。”

教师勋章

1921 年 10 月，艺术大师卓别林来到巴黎，受到了巴黎人民空前的热烈欢迎。法国政府鉴于他在世界艺术领域的巨大贡献，决定给他授勋。授勋前，一位美国记者向卓别林透露说 ：“法国政府在捉弄你，那勋章是他们授予学校教师的，你领这个不够光荣，你应该领那有红色绶带的荣誉军团勋章”。卓别林笑着回答道 ：“不，先生，您错了。教师是全人类都尊敬的人，我能得到学校教师的光荣，这将是我一生中最大的快乐。”卓别林高兴地接受了法国政府颁发给他的教师勋章，给他授勋的证书上写着 ：“查尔斯 · 卓别林，戏剧家、民众教育学士……”这块勋章,也是卓别林一生中第一次接受的勋章。

催眠术

一次，卓别林来到旧金山筹划拍片。他物色了咖啡馆一位叫卜雯斯的姑娘担任角色，但又对她是否有幽默才能表示怀疑。

于是卓别林自称能在 60 秒钟内使在场任何一个人熟睡。大多数人都表示相信，唯独卜雯斯笑道："这是胡说！谁也没法把我催眠过去！"

卓别林说："你正是最理想的催眠对象。不信，我们打赌。"卜雯斯同意了。

按照卓别林的吩咐，卜雯斯离开座位，脊背贴紧墙站着，只见卓别林做了几个手势，很快凑近姑娘脸唧咕了几句"咒语"，又大声喊道："你要失去知觉了！"说完他向后退了几步。这时，奇迹真的出现了，卜雯斯摇晃起来，陷于睡眠状态。卓别林在旁人的帮助下把她抬到床上躺下。好一会，卜雯斯才醒过来，目光迷茫，不断说感到很"疲劳"。

……

这是怎么回事呢？其实卓别林根本不懂什么"催眠术"。他与姑娘事前也没有默契。刚才，他在势成骑虎的情况下，灵机一动，想趁此试试卜雯斯的幽默感，便在做了几个手势之后，凑着她耳朵小声说："装假的！"卜雯斯明白了大师的用意，便来了这个即兴表演，果然惟妙惟肖，卓别林满意了。

他要求的流浪女

对 30 年代的影迷来说，宝黛在卓别林执导的《摩登时代》中洒脱自如的表演是难以忘怀的，宝黛也正是在饰演该片的流浪姑娘后一举成名的。此后她又接连拍了 30 部电影，名声经久不衰。但是每当回顾自己的从影经历时，她总要提到卓别林的一大功劳。

当确定宝黛演《摩登时代》中的流浪女后，起初，她打扮得很花哨。卓别林打量着她，不安地直摇头，一边说："不行，这实在太糟了。"他要宝黛脱去鞋子，换过衣服，还不许她化妆，接着他突然用一盆冷水从宝黛头上浇下来，冻得她直发抖。卓别林却说："对了，这才像个真正的流浪女！"

妙语得烤鸭

1954 年 4 月，周恩来总理赴瑞士出席印支战争问题的日内瓦会议。有一天，他趁休会，邀请卓别林夫妇到中国大使馆相叙，并共进晚餐。席间，卓别林望着刚上桌的北京烤鸭诙谐地说："我这个人对鸭有着特殊的感情，所以我是不吃鸭的。"众人听后，甚感不解，忙问其故。

卓别林说："我所创造的流浪汉夏洛尔走路时令人捧腹大笑的步态，就是从鸭子走路的神态中得到启发的。为了感谢鸭子，从那以后就不吃鸭了。"但当别人为此表示歉意时，他却微笑着转口说："不过，这次可以例外，因为这不是美国鸭。"卓别林一席话，引得大家笑声不止。

这次宴请卓别林夫妇的北京烤鸭，是由跟随周总理到日内瓦的名厨师亲手烤的，只要拿起鸭骨，轻轻一抖，整个鸭身便会骨肉分离。吃起来，色、香、味俱佳。卓别林夫妇边吃边赞不绝口。宴会将结束时，周总理关心地问卓别林，今天的菜是否合他的胃口。卓别林又十分风趣地说道："贵国烤鸭，食味之好虽可说举世无双，但有一个小小的缺点，就是不能让我再多吃。"周总理听后，深会其意，于是嘱咐工作人员把两只早已准备好的北京烤鸭送给卓别林夫妇，卓别林夫妇俩高兴得连声道谢。

卓别林与爱因斯坦

大科学家爱因斯坦十分喜爱看喜剧大师卓别林主演的电影。有一次，他写信赞美卓别林说：

"全世界的人都能理解你的幽默、含蓄，你确实是一位伟大的艺术家！"

卓别林回信说：

“世界上只有很少人能理解你的‘相对论’，可你仍然是一位真正的伟大的科学家。”

还是请第一卓别林讲话吧

某公司举办了一次比赛，看看谁模仿得最像卓别林，请一些研究卓别林的专家担任裁判。

卓别林听到这个消息，也来参加比赛。评判的结果，卓别林屈居第二名。

发奖那天，比赛举办者邀请真卓别林前去讲话，卓别林回信说：

“还是请第一卓别林讲话吧。”

我不过是模仿卡鲁索罢了

一次朋友聚会时，卓别林为了给大家逗乐，惟妙惟肖地模仿了一系列名人的音容笑貌。末了，他用出色的男高音演唱了一段意大利歌剧。他的表演如此出色，在场的一位朋友赞赏道：

“查尔斯，你的嗓子太棒了！我从前怎么一点也不知道呢？”

“我？嗓子太棒了？”卓别林反驳道：“你是在开玩笑吧？我根本不会唱歌！刚才我不过是在模仿卡鲁索罢了。”

房顶积雪不能说明屋内没生火

有人问卓别林，他已经两鬓霜染，怎么还有那么小的孩子。

卓别林答道：

“房顶上积了雪，但这并不能说明屋内没生火啊！”

白发的女人最忠诚

有人问卓别林：“哪一类女人更忠于自己的丈夫呢？金发的，褐发的，还是红发的？”

喜剧大师答道：

“白发的。”

它不是刚才那只苍蝇

一次开会，卓别林费尽心机想把一只在他脑袋周围盘旋的苍蝇赶走，可是总没有成功。于是请人找来了一个蝇拍子。会议继续进行，卓别林手持蝇拍等待着时机，他试了三次，都没能打中。最后，苍蝇终于落在了他面前的桌子上，卓别林举起蝇拍，确信这次苍蝇准跑不了，可是，他突然放下了蝇拍，苍蝇飞走了。

一个与会者问："天哪，你这是怎么啦？干吗不打死它？"

卓别林不动声色地说：

"你知道什么？它不是刚才那只苍蝇！"

马勒轶事

马勒（Gustav Mahler，1860—1911），世界上最伟大的音乐家（既是指挥家，也是作曲家），是典型的犹太人。他的音乐是后期浪漫主义音乐的总结，也是对人类生存状态以及新的音乐形式的预言。主要作品有：《青年的魔角之歌》《千人》交响曲和《大地之歌》等。马勒在音乐界于20世纪后半叶异军突起，他曾说过："我的时代终将来临。"

作曲家的婚礼

杰出的奥地利作曲家及指挥家马勒在排练歌剧的时候，总是倾注全力，从来没有离开过一次。可是有一天他说：

“我非离开1个小时左右不可。”

于是他把工作委托给舞台监督，当时，维也纳歌剧院的同行都十分惊异。

整整过了1个小时后，马勒终于喜悦而归，若无其事地继续工作到最后。排练完毕之后，有个跟他很亲近的乐师悄悄问道：“你究竟到哪里去了？”

马勒笑着回答：“我去举行婚礼呀！”

海涅轶事

海涅（Heinrich Heine，1797—1856），伟大的德语诗人和思想家，犹太人。在德语文学史上，从1832年歌德去世到1848年革命这一时期内，海涅居于德意志文坛的中心地位。主要作品有《哈尔茨山游记》和《冬日童话》等。

我心里的这块石头落地了

海涅收到朋友一封很重的欠邮资的信。拆开一看，是一大捆包装纸，里面附有一张小纸条："我很好，你放心吧！你的N。"

朋友后来也收到海涅寄去的很重的欠邮资的包裹，领取这个包裹时，他付出了一大笔现金。包裹里面却只有一块石头，也附有这样一张纸条：

"当我知道你很好时，我心里的这块石头也就落地了。"

我和你就可以弥补没有犹太人和驴子的缺陷

一个旅行家对海涅讲，他在环球旅行中发现了一个小岛。讲到这个岛上最令他惊奇的现象时，旅行家冷笑着、恶意地挖苦说："在这个小岛上竟没有犹太人和驴子！"

身为犹太人的海涅白了旅行家一眼，不动声色地反击说：

"如果真是这样的话，那么，只要我和你到小岛上去一趟，就可以弥补这个缺陷了！”

为我的死而感到遗憾

1841 年，海涅跟巴黎皮货店的一个女营业员殴仁妮结了婚，这是一个不幸的结合。殴仁妮没有受过教育，愚蠢无知而且虚荣心极强。海涅对她的爱情没有能够使她克服自己的缺点。诗人临死的时候，把所有的财产都留给了她，条件是她必须再嫁一个人。海涅解释说：

“这样至少会有一个人会因为我的死而感到遗憾。”

欧文·肖轶事

欧文·肖（Irwin Shaw，1913—1984），美国著名犹太作家。其行文简洁，叙事利落，评论界将他与海明威相提并论。作品关注社会现实，充满激烈冲突，题材涉及政治、种族、战争等人类重大问题，主要作品有：《幼狮》《富人·穷人》和《乞丐·窃贼》等。

你们让蜗牛都穿上了侍者的衣服

欧文·肖的作品大都取材于当代的政治和社会问题。《幼狮》《穷人·富人》等是他的代表作品。

欧文·肖从办公室里出来，走进一家法国餐馆。点过菜后，静静地等了很长的时间，直到十分不耐烦时，餐厅侍者总管认出了他，挨近作家身边，向他介绍说这家餐馆的蜗牛很不错，要不要来一份。

欧文·肖点了点头说：

“我早已知道了，瞧，你们让蜗牛都穿上了侍者的衣服。”

安·兰德轶事

安·兰德（Ayn Rand，1905—1982），全世界有史以来最畅销的作家之一，是20世纪美国最为知名的思想家和公共知识分子，俄裔犹太人。主要著作有：小说《源泉》和《耸肩的阿拉特斯》，四部学术专著《客观主义认识论概论》《致新知识分子》《自私的美德》和《资本主义：不为人知的理念》。许多大名鼎鼎的人物，包括前美联储主席格林斯潘，甲骨文 CEO 埃里森都是安·兰德哲学的拥趸。

政治家给我说个谎吧

有一次大使馆的招待会上，一位相当体面的参议员向安兰德走来，开玩笑说："你就是安·兰德吧，给我说个笑话吧！"安妮小姐毫不迟疑地答道：

"那好。你是政治家，给我说个谎吧！"

你是危险人物

安·兰德去看望在越南战场上受伤的美国军人。在某医院养伤的一位年轻的下士请她稍微靠近一点，说这样他就能闻到她身上的芳香了。

"你多久没有闻到这种香味了？"她问。

"10 个半月了。"下士说。

安妮小姐微笑着站了起来。"好了，兄弟，"她说，"你是危险人物。"

弗洛伊德轶事

弗洛伊德（Sigmund Freud，1856—1939），奥地利著名犹太医生和心理学家、心理分析理论的创始人。主要著作有：《释梦》《日常生活的心理病理学》《性欲理论三讲》和《文明及其不满》等。

我已经结婚了

弗洛伊德在美国访问时，告诉另一位瑞士的心理学家荣格说，他发现美国妇女很有吸引力，她们引起他有关性欲的梦想。“我不断地梦见妓女。”弗洛伊德抱怨说。

“为什么你不去逛逛妓院呢？”荣格说。

“因为我已经结了婚。”

有时一根雪茄就是一根雪茄

根据弗洛伊德的学说，抽雪茄烟通常被看成是具有某种象征意义的事，雪茄烟通常被认为是男性生殖器的象征，或者是男子汉的化身。弗洛伊德本人是个烟瘾很深的人。有一次他的一个学生好奇地问他：“您自己抽雪茄烟是否也具有某种象征？”

弗洛伊德吐出一口烟，若有所思地回答说：

“有时，一根雪茄仅仅是一根雪茄。”

爱因斯坦轶事

爱因斯坦（Albert Einstein，1879—1955），伟大的科学家和思想家、诺贝尔物理学奖得主，“相对论”的创始人，著名的犹太人。

我是当模特儿的

爱因斯坦有一副很有特色的相貌，引得摄影师、画家、雕塑家总是络绎不绝地前来，请求他摆出姿势，让他们摄、画、雕。

一位初次见面的客人问爱因斯坦：“请问你的职业是什么？”

爱因斯坦温和地说：

“当模特儿。”

一切都很妥当

爱因斯坦小时候说话很迟，这使他父母非常着急。

一天晚餐时，他终于打破了沉默，说了一句，“汤太烫了。”

他的父母感到无限的欣慰，并问他以前为什么一句话都不说，他回答说：

“因为直到现在，一切都很妥当。”

反正人们都认识我

爱因斯坦尚未成名的时候，一天在纽约的大街上碰到一位熟人。那人见他衣着寒碜，便不解地问道：

“你怎么穿得这样破旧？”

爱因斯坦笑了笑，说：“反正这里没人认识我。”

几年以后的一天，爱因斯坦成了科学界的大名人，在纽约街上又遇见了那位熟人。对方上下打量了一下这位大名鼎鼎的科学家，惊讶地问道：“你怎么还是穿得这么破旧？”

爱因斯坦依然笑了笑，说：

"反正这里的人都已经认识了我。"

你的电话号码是两打再加19的平方

爱因斯坦的一位女友，要求他有空时给她打电话。

"我的电话号码很难记。"这位女友提醒说。

"好，我听着。"

"24361。"

"啊，这有什么难记的呢？"爱因斯坦随口说道，"两打，再加上 19 的平方，我记住了。"

我忘了新居在哪儿了

爱因斯坦搬了个新居。有人打电话给他的秘书，问他的住址。秘书回答说："非常抱歉，无可奉告。因为爱因斯坦博士不喜欢人知道他的住址。"这时，听到电话里压低了声音说：

"我就是爱因斯坦，但是我忘了新居在哪儿了。"

我的工作是个秘密

爱因斯坦的科学理论和研究工作对他的第二个妻子

埃尔莎来说，是一个难解的秘密。一天，她抱怨说："难道你就不能跟我谈点你的工作吗？人家对你的工作谈得很多，我说我对它一窍不通，那我会显得多笨呀。"

爱因斯坦沉思了一会儿，想不出该怎样来回答她。突然，他眉开眼笑起来，说："如果以后人家问你，你就告诉他们，你什么都知道，只是不能把它们讲出来，因为这是个秘密。"

婴儿是真正关心我的

爱因斯坦的一位年轻的朋友骄傲地把他 18 个月的儿子抱到爱因斯坦的面前。孩子抬头望着老人微笑的脸，就立刻号哭起来。爱因斯坦轻轻地拍了拍孩子的头，天真地说：

"多年来，你第一个告诉我，你是真正关心我的。"

用两种肥皂会把生活弄得太复杂了

爱因斯坦以"相对论"而一举成名之后，在生活上仍然保持着朴素的美德。有一年，他坐轮船越过大西洋，船长仰慕他的盛名，招待他住进最豪华的船舱，可是他拒绝了，他不愿意接受特殊的照顾，而宁可要三等舱的床位。

爱因斯坦时常穿一套需要熨烫的旧衣服，有时连帽子也不戴。他喜欢在浴池里刮胡子，用的就是普通的肥皂，他开玩笑说：

“用两种肥皂，那就是把生活弄得太复杂了。”

勋伯格轶事

勋伯格（Arnold Schoen berg，1874—1951），奥地利犹太作曲家。他是一位具有创新精神的作曲家，不仅对传统的作曲理论提出挑战，而且在技法上注重创新。他所创立的12音体系作曲技法对20世纪音乐，特别是现代音乐产生重要影响。主要作品有：《升华之夜》《d小调第一弦乐四重奏》《五首管弦乐曲》和《钢琴协奏曲》等。

我儿子是中学足球队的后卫

一天，勋伯格与一个前来拜访的朋友在家乡的大道上散步，当地百姓无不向他们投来尊敬的微笑以致问候，其中有许多是年少的男孩。这给他的朋友留下了很深的印象，他禁不住赞叹说："您真是名声远扬啊，连孩子们都知道您。"

"这你都看到了，"勋伯格笑着说，"不过你要知道，我儿子是这儿高级中学足球队的后卫。"

约瑟夫·霍夫曼轶事

约瑟夫·霍夫曼（生卒年不详），犹太钢琴家。

我忘了第一个曲子是什么了

在一次音乐晚会上，管弦乐队的一名提琴手发现坐在钢琴前的霍夫曼在凝神思索，脸上掠过一丝茫茫然的神色。接着他向前排观众席上的一位女士弯下腰，轻轻问道：

"夫人，可以让我看一下您手里的节目单吗？我忘了第一个曲子是什么了。"

施纳贝尔轶事

施纳贝尔（Artur Schnabelo,1882—1951），施纳贝尔是一位生于波兰的犹太钢琴“超级神童”，青年时曾受聘为柏林高等音乐学院钢琴系教授，后来移居美国，成为一位具有非凡才智和大师风范的音乐家。

我已经尽可能地弹轻了

有一次，施纳贝尔举行了一次演奏会，全场静悄悄的，只听得他手下滑出的旋律在场内流动。但不久，他发现坐在前排的一个年老的太太睡着了。一直到一曲奏完，雷鸣般的掌声才将她猛然惊醒。

等掌声停下来时，他探身向她道歉说：

“这是欢呼声吵醒了您，太太。我已经尽可能地弹轻了。”

罗思柴尔德轶事

罗思柴尔德家族是欧洲著名的犹太金融世家，对欧洲经济史、政治史产生影响达 200 年之久。罗思柴尔德家族的创始人是迈耶·阿姆谢尔·罗思柴尔德（1744—1812），他共有 5 个儿子。

我没有一位有钱的父亲

一天晚上，罗思柴尔德乘坐一辆马车外出，下车时他给了车夫他认为已足够的小费。

“您家少爷给我的钱要比这多得多。”马车夫看看钱，颇为不满。

“这很可能。”罗思柴尔德说，“不过，你知道，他有一位有钱的父亲，而我没有。”

塞缪尔·高德温轶事

高德温（Samuel Goldwyn，1882—1974），美国犹太制片人，电影业巨头，好莱坞非常有名的“米高梅公司”的创始人。

我是雇你的大名

塞缪尔·高德温 1916 年创立了他自己的电影公司，以后又同其他八家电影公司合并为“米特洛－高德温－梅耶”（简称米高梅）电影公司，拍摄过《呼啸山庄》《朋友和玩偶》等轰动一时的影片。高德温很注意网罗人才，但大作家布罗姆菲尔德被他高薪聘到好莱坞后，两个月都无事可干。作家终于按捺不住了。一天他向高德温抱怨起来。

“别着急，耐心点。”高德温说。

“可你为什么要着急着忙地雇我呢？”作家问。

高德温缓缓地说道：

“雇你的大名，布罗姆菲尔德先生，雇你的声誉。”

我们什么时候在拍儿童影片的呢

高德温的搭档、导演威廉·韦勒向高德温解释一个特殊的电影镜头，但毫无效果。导演非常恼火，便转向一直在旁边听的高德温的 15 岁的儿子说：“你懂吗，萨密？”

“这有什么不懂，”孩子回答说，“我很清楚。”

高德温大声吼道：“我们什么时候在拍儿童影片

的呢？”

他问现在几点了

高德温有个习惯，摄制影片时，不管什么时间，只要一有了什么想法，就立刻打电话给有关人员。一天夜里 3 点钟，理查德·纳什在写作一个即将完稿的剧本，突然来了电话，他拿起一听，又是高德温打来的。他甩了一个响指，对高德温说：“你知道现在几点钟吗？”

高德温顿了顿，转向他夫人问道：

“弗朗西斯，纳什先生问现在几点了？”

梅耶轶事

梅耶，“米高梅公司”的另一位创始人，好莱坞犹太巨头。

要是不能把钱带走我就不死

一位同事想尽一切办法说服梅耶为慈善事业捐款，

说："你死的时候是不能把钱带走的。"

梅耶反驳说："要是我不能把它带走，我就不死。"

欧文·拉扎尔轶事

拉扎尔，可能是拉扎尔银行的创始人，犹太人中有许多个叫"拉扎尔"的人。

把尸体留给哈佛医院是赚钱的捷径

美国前总统尼克松打算写回忆录，在太平洋海滨围场会见了矮小精干的拉扎尔，想听听他的意见。拉扎尔要尼克松预付200万美元。经过3个小时的讨论，他们达成了协议，互相握手。尽管尼克松的音容笑貌，尤其是坚忍不拔的毅力给他留下了深刻的印象，但拉扎尔对尼克松并不崇拜。当他起身告别时，拉扎尔说："你有一条比写回忆录更能赚钱的途径。"

"什么途径？"尼克松问。

"把你的尸体留给哈佛医学院。"

罗伯特·伯恩斯坦轶事

伯恩斯坦，犹太人中叫伯恩斯坦的人很多，有革命家，也有指挥家，这里是一位出版家。

您能原谅我这么早就来上班吗

美国纽约“兰登书屋”现任总经理罗伯特·伯恩斯坦早年曾在纽约无线电台工作，他相貌出众，积极肯干，被一家出版公司的头头看中了，就以高薪把他聘到自己的公司来了。

罗伯特工作热情特别旺盛，有一天这位公司头头偶然在上午7点钟就到了办公室，但却发现罗伯特已经在认真工作了。

罗伯特抬头望着他的老板抱歉地说：

“噢，我喜欢工作。您能原谅我这么早就来上班吗？”

本杰明·迪斯雷利轶事

迪斯雷利（Benyamin Disraeli 1804—1881），现代英国保守党之父，犹太人，曾出任维多利亚女王时期的英国首相。做为一个好战的帝国主义者和政治家，他将大英帝国的影响扩展到全世界。难怪女王在提到迪斯雷利时，总是把他说成是自己“最喜爱的首相”。

女王可不是个开玩笑的东西

格拉德斯通听人说迪斯雷利能拿任何东西、任何人开玩笑，就问他是否真有其能，迪斯雷利确认不讳。

“那么，我就要试一试了，”格拉德斯通说道，“你能拿维多利亚女王开个玩笑吗？”

迪斯雷利应声说道：“先生，女王陛下可不是个开玩笑的东西哦。”

梅纳赫姆·贝京轶事

贝京（Menachem Begin ,1913—1992），以色列政治活动家，1977—1983 年期间的以色列总理。毕业于华沙大学法律系，主要著作有：《起义》《白夜》《地下斗争文选》（4 卷集）。

这盘棋就算我输了

1940 年 9 月的一天，贝京和他的妻子在家里下棋。正杀得难解难分的当口，一队士兵闯进来逮捕了他。

当士兵们将他拖出门外时，贝京一点也不惊慌，甚至还惦记着下的棋，他回头对妻子喊道：“这盘棋就算我输了。”

基辛格轶事

基辛格（Henry Alfred Kissinger,1923— ），美国政治学学者，国务活动家，犹太人。1962年成为哈佛大学教授，担任尼克松时期的美国国务卿，曾获1973年诺贝尔和平奖。主要著作有博士论文《复兴的世界》和回忆录《白宫岁月》。

你叫我“殿下”也行

亨利·基辛格被任命为国务卿的第二天，举行了一个记者招待会。会上，一位瓦莱里亚尼的记者提了个问题，会场的气氛立刻活跃起来。

“您喜欢称呼您国务卿先生，还是国务卿博士？”

基辛格一本正经地说：

“我不讲究外交礼节，即使你叫我‘殿下’也行。”

长时间做出一副谦虚的样子很难

有一次，基辛格应邀讲演，主持人介绍之后，听众起立，台下响起了一片掌声。最后掌声终于停歇了，听众坐了下来。这时基辛格开始说：

“我要感谢你们停止鼓掌，因为要我长时间做出一副谦虚的表情是很困难的。”

我打算点点滴滴地发表成批声明

1972 年 5 月 20 日，美国国务卿基辛格和总统尼克松一同前往莫斯科，参加美苏最高级会晤。途经维也纳时，基辛格就即将开始的美苏首脑会谈问题，举行记者招待会。《纽约时报》记者马克斯·弗兰克在提出发布会谈情况的“程序性问题”时说：“届时，您是准备点点滴滴地宣布呢，还是来个倾盆大雨，成批地发表协定呢？”

以思维敏捷著称的基辛格答道：“我懂了，你们看，马克斯同他的报纸一样，是多么的公正啊，他要我在倾盆大雨和点点滴滴之间任选一个。所以，无论我们怎么做，总是坏透了。”说到这里，基辛格停住了，然后郑重其事地说：

“我们打算点点滴滴地发表成批声明。”

图书在版编目（CIP）数据

傻瓜哲学：犹太大师的生命智慧 / 贺雄飞著. —北京:世界知识出版社，2016.1

（犹太智慧典藏书系）

ISBN 978-7-5012-5133-9

Ⅰ.①傻… Ⅱ.①贺… Ⅲ.①犹太人–人生哲学–通俗读物 Ⅳ.①B821-49

中国版本图书馆CIP数据核字（2015）第320739号

责任编辑	张　萓
责任校对	马莉娜
责任出版	赵　玥
书　　名	**傻瓜哲学：犹太大师的生命智慧** Shagua Zhexue:Youtaidashi De Shengming Zhihui
作　　者	贺雄飞
出版发行	世界知识出版社
地址邮编	北京市东城区干面胡同51号（100010）
网　　址	www.ishizhi.cn
电　　话	010-65265923（发行）　010-85119023（邮购）
经　　销	新华书店
印　　刷	北京鑫海达印刷有限公司
开本印张	787×1092毫米　1/32　　9½印张
字　　数	157千字
版次印次	2016年1月第一版　2016年1月第一次印刷
标准书号	ISBN 978-7-5012-5133-9
定　　价	35.00元